Technical Fundamentals of Prefabricated Pumping Station

预制泵站技术基础

康 灿 孟祥岩 李明义 李 清 - 著

镇 江

图书在版编目(CIP)数据

预制泵站技术基础 / 康灿等著. — 镇江 ：江苏大学出版社，2019.8
ISBN 978-7-5684-1149-3

Ⅰ. ①预… Ⅱ. ①康… Ⅲ. ①市政工程－排水泵－泵站－基本知识 Ⅳ. ①TU992.25

中国版本图书馆 CIP 数据核字(2019)第 185126 号

预制泵站技术基础
Yuzhibengzhan Jishu Jichu

著　　者/康　灿　孟祥岩　李明义　李　清
责任编辑/郑晨晖
出版发行/江苏大学出版社
地　　址/江苏省镇江市梦溪园巷 30 号(邮编：212003)
电　　话/0511-84446464(传真)
网　　址/http://press.ujs.edu.cn
排　　版/镇江市江东印刷有限责任公司
印　　刷/镇江市文苑制版印刷有限责任公司
开　　本/710 mm×1 000 mm　1/16
印　　张/9.25
字　　数/173 千字
版　　次/2019 年 8 月第 1 版　2019 年 8 月第 1 次印刷
书　　号/ISBN 978-7-5684-1149-3
定　　价/42.00 元

如有印装质量问题请与本社营销部联系(电话:0511-84440882)

前　言

一体化预制泵站(简称预制泵站)是一种新型的泵站,体积小,制造及安装成本低,维护方便,已在诸多市政工程项目中得到了成功应用。然而,预制泵站的设计体系并不完备,对于影响预制泵站性能的因素,尤其是流动方面的因素,理解并不充分。

预制泵站并不是筒体、泵、管路等部件的简单组合。预制泵站是一个极其复杂的流动系统,涉及多相流动、固体壁面的约束、动静干涉、流动激励等多种因素;预制泵站是一个工程装备,涉及施工安全、运行稳定性、节能、控制等多种因素。无论是从学术研究的角度,还是从设计和运行维护的角度,预制泵站都是一个新的增长点,是流体工程装备领域内的一个重要代表。本书根据笔者近年来在预制泵站的设计、内部流动分析、性能测试和制造加工方面的经验,结合一些工程实例进行编写。从本质上看,预制泵站涉及流体和固体两个方面,笔者认为关于流动问题的讨论对预制泵站的技术进步具有更为突出的意义,所以本书侧重描述预制泵站内部的流动特征及流动与预制泵站运行性能之间的关联。

全书共分为10章,其中:第1章介绍预制泵站的基本概念与应用情况;第2章介绍预制泵站的设计方法;第3章对典型污水泵的水力部件设计方法进行阐述;第4章介绍预制泵站的性能测试方法;第5章以小流量预制泵站为例对预制泵站内部流动的数值模拟进行介绍;第6章分析泵与泵之间的干扰泵的安装高度对预制泵站内固相沉积的影响;第7章对适应大流量介质输送的多筒体预制泵站进行性能分析;第8章介绍预制泵站的安装与应用;第9章分析多筒体预制泵站的性能;第 10 章介绍预制泵站的安装与运行。

康灿编写了第 1,2,3 章;孟祥岩编写了第 4,7,8 章;李清编写了第 5,6 章;李明义编写了第 9,10 章。

感谢江苏高校品牌专业和山东良成环保科技股份有限公司对本书出版的部分资助,同时感谢江苏中兴水务有限公司马金星工程师在排污泵设计方面给予的宝贵建议。由于水平有限,本书难免有疏漏之处,读者可以通过电子邮件与著者联系,E-mail: cankangujs@126. com。

康 灿

2019 年 7 月

目录

1

预制泵站概述

随着我国城镇化进程的加快和各种基础设施的大量建设，很多的工业和民用领域出现废水和污水不能有效引导和输送的问题，很多的城镇在暴雨天气出现内涝现象，这些都需要泵站对流体进行提升和输送。根据2014年1月1日执行的《城镇排水与污水处理条例》，城镇基础设施建设和农村污水处理工程作为城镇化和新农村建设的一项重要内容，具有非常广阔的前景。泵站是为各类水处理工程中的流体提供能量的关键装备。

一体化预制泵站（Integrated Prefabricated Pumping Station），简称为预制泵站（PPS），具有流态好、无堵塞、自清洁的功能。安装于预制泵站内的输送泵，运行效率高，使用寿命长。预制泵站的尺寸较传统泵站小，建造时的土建成本较低，并且方便运输和安装。在预制泵站管理方面，已经实现了预制泵站的远程控制和运行管理，甚至实现了全站的自动化运行。总而言之，预制泵站是一种安装和维护方便、质量可靠、成本较低的新型泵站设备。预制泵站已经在城镇排水设施建设和城市内涝防治工作中发挥了重要作用。

泵站的根本作用是为介质提供动能和压能，从而解决无自流条件下的介质输送和调配问题。泵站发挥的特殊作用使得其与经济发展和日常生活密切相关。目前的主流泵站是混凝土泵站，其有着超百年的历史，为污水收集、处理和防洪、排涝做出了突出的贡献。混凝土泵站的缺点是占地面积大、施工周期长、混凝土池壁容易腐蚀、泵坑内易出现杂质沉积。需要特别指出的是，输送泵的工作条件恶劣，故障率增加，寿命缩短；同时，混凝土泵站的造价较高，泵站自动化的控制水平也需要进一步提高。预制泵站适时而生，相对于混凝土泵站，预制泵站具有显著的优点，得到了越来越多的认可，应用领域不断拓宽。目前预制泵站已经可以替代中小型混凝土泵站。

预制泵站的概念源自欧洲，已经有超过60年的历史。在此过程中，预制泵站不断完善，并得到广泛应用，已经成为市政给水、排水工程中的关键装置。格兰富(Grundfos)公司是世界上较早推出预制泵站的公司,也率先将预制泵站的概念引入中国。近10年来,预制泵站在全世界范围内得到了推广,实际工程实例已遍布世界各地。

1.1 一体化预制泵站

传统的混凝土泵站一般由进水流道、泵房和出水流道构成。其中,泵房是泵站的主体工程,包括泵机组和通风设备、电气设备等辅助设备。传统意义上的泵站是进水建筑、泵房和出水建筑的总称。

预制泵站将多个独立的装备或部件,如筒体、输送泵、管道及附件、控制系统等,通过某种方式结合成一个综合体,是一种成套设备,能够发挥传统混凝土泵站的功能。预制泵站的“预制”是指在车间内预先制造泵站的各个组件并进行装配,而后运输到现场进行整体安装。传统的混凝土泵站的建设需要大量的基建工作,需在建设现场构筑混凝土泵坑,在泵坑中安装输送泵、管路、控制系统等,而建造预制泵站需要的基建工作量很小。从预制泵站的组成可以看出,它综合了泵站结构设计、叶片泵设计或选用、管路设计、部件材质选用、控制系统设计等多个设计技术。更为重要的是,预制泵站将这些装备或部件有机地组合在一起,使各组分之间的匹配达到最佳,同时使各泵站的整体功能得到最大化发挥。

1.2 一体化预制泵站的组成

预制泵站的主体由筒体、输送泵、管道、阀门、控制系统、通风系统、服务平台等部件组成,如图1.1所示[1,2]。另外的一些辅助装置如粉碎格栅、泵耦合器、液位控制系统、筒底自清洗装置等,视预制泵站的具体要求和运行环境选择确定。预制泵站的主体大部分被埋在地下,在地上可见的部分不多,且与环境较为协调,如图1.2所示。

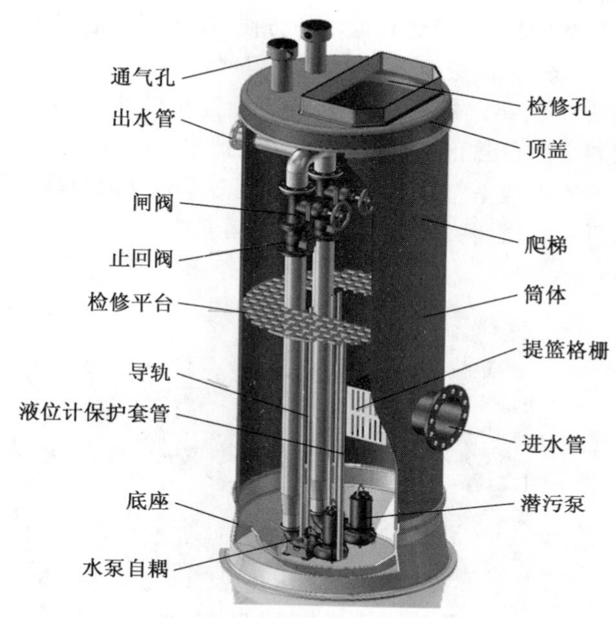

图 1.1　预制泵站的典型结构

图 1.2　某预制泵站的外观

(1) 筒体

筒体是预制泵站的主体部件。筒体的壁面材料宜采用强化玻璃钢(Fiberglass Reinforce Plastic,GRP)和高密度聚乙烯(HDPE)等重量轻、强度高、耐腐蚀的材料,不宜采用低碳钢等重量较重、运输困难、防腐性能较差的材料。玻璃钢筒体应包含防腐蚀层、防渗透层、结构层和外保护层。其中,外保护层必须添加抗紫外线材料，以防止筒体由于裸露在太阳光下而出现老化现象。筒体一般为圆柱形，考虑到运输的方便，筒体直径范围为 1.2～4.2 m，筒体高度一般在 2～12 m 之间。也有的工程项目中采用更大的筒体，筒体采用现场制作的方式。筒体的顶盖由玻璃钢边盖和可开启的盖板组成(见图 1.3)。盖板材料一般由强化玻璃钢、聚乙烯树脂(PE)或铝合金等轻质材料制成。盖板的内外表面应平整，不得出现深度超过 2 mm 的裂缝，并且不允许出现分层、脱层、纤维裸露、树脂结节、异物夹杂等现象。

图 1.3　玻璃钢筒体内部结构

(2) 输送泵

预制泵站内采用的输送泵多为潜水泵，即将整台泵淹没在介质中。对于输送清水和输送污水的预制泵站，输送泵的结构可能存在差别。从目前的工程应用实际情况来看，流量要求较小的预制污水泵站多采用带有前置切割装置的污水泵；而大流量预制污水泵站则多采用螺旋离心式污水泵，并设置预旋盆以防止固相在预制泵站底部沉积的组合方式。设置预旋盆实际上改变了输送泵的入流条件。另外，对于收集和输送雨水等杂质较少的预制泵站则采用离心式污水泵。具体的泵结构可根据运行参数要求进行设计，泵的过流部件的材质根据所输送介质进行选用或设计。

对于流量要求较高的应用场合，一个筒体内可能会放置 2～3 台泵，这些泵的型号参数宜相同。由于预制泵站筒体的尺寸有限，泵在抽吸介质的同时，还会对筒体内的流体产生复杂的扰动，因而泵与泵之间可能会存在流动干扰现象。此时泵之间的间距和泵的布置方式是保证预制泵站良好运行性能的重要因素。多泵同时运行时，不但要保证每个泵内部的流动稳定，而且要保证各个泵输送的流量基本相同，即不能出现严重的抢水现象。

(3) 服务平台

出于预制泵站运行监控和维护的需要,在大型预制泵站内应设置服务平台。服务平台多采用铝合金或玻璃钢材料制成,服务平台的承重不得小于450 kg。

(4) 管路系统

管路是预制泵站的重要连接件,也是预制泵站良好的入流与出流条件的重要保证。预制泵站管路的设计依据之一为流体力学中的管路计算公式。对于管路中的流动损失也可以根据相应的经验公式或数值模拟方法进行评估。预制泵站采用的管路材质为不锈钢,且需符合国家标准《流体输送用不锈钢焊接钢管》(GB/T 12771)的规定。管材、管件和阀门的选用及连接方法应符合《室外排水设计规范》(GB 50014)和《建筑给水排水及采暖工程施工质量验收规范》(GB 50242)的规定。管道系统排水管的材质应满足《室外排水设计规范》(GB 50014)和《给水排水管道工程施工与验收规范》(GB 50268)的规定。管路的最低位置应设置排水设施。在输送泵的下游管路上必须设置止回阀。

(5) 控制系统

随着工业4.0时代的来临,智能化控制已成为传统机械装备追求的组件之一,这不但是提高传统机械装备技术附加值的渠道之一,更实实在在地体现了装备的先进性。以叶片泵的控制系统为例,已经可以非常方便地用手机APP异地监控叶片泵运行中的轴承温度、进出口压力、转速、流量等参数。可以想象,传感器、网络传输、数据存储和处理都将随着智能化控制的普及而得到迅速发展。应用智能化控制技术的最终目的主要有2个:一是对运行中的部件进行运行工况智能调节,满足节能的要求;二是实现故障诊断并做出响应,以保证部件的安全运行。在预制泵站行业和叶片泵领域,上述第二个目的的实现尚需要一定的时间。

在预制泵站中,需要控制系统来实现输送泵的启动、停止和转速调节,筒体内的液位高度是输送泵启停或变频调速的重要依据。预制泵站的液位控制设备的仪表应安装于控制柜内。液位控制器的悬挂电缆应避免缠结,液位控制器应避免被障碍物干扰。根据液位信号,泵站的控制装置应能够及时对输送泵的运行进行调节。在控制器的面板或控制室,应该对泵运行参数和泵站运行状态进行动态显示。先进的控制系统可以自动生成实时运行数据库并储存,生成数据报表,生成各类运行状态图,对事故进行报警和记录;还能够与上级网络连通,发送预制泵站的现场运行参数,接收上级网络调度命令,实现远程监控与管理。无人值守、少人看管、优化调度、高效运行是预制泵站控制系统设计的出发点。

(6) 辅助装置——粉碎格栅

粉碎格栅是一种把污水中的固体物质粉碎成细小颗粒的粉碎设备。污水中的固体物质被粉碎后可不需打捞,同时起到保护后续处理设备、提高后续处理效果、改善水质状况等作用。污水中的固体物质随着水流进入粉碎格栅后,固体物质被旋转的刀片截留并输送到切割室,被切割刀片粉碎成6～10 mm的细小颗粒,而大部分的污水和足够小的颗粒直接通过刀片之间的间隙,与被粉碎后的小颗粒物质一起流到后续工艺进行处理。

粉碎格栅一般采用双轴螺旋形刀片设计结构。相互独立的2组切割刀片和垫片组分别安装在2根平行的旋转轴上,呈螺旋形布置,相互交替重叠,从而实现螺旋形的切割,在精度、力度和利度上均达到良好的切割效果。由于粉碎格栅刀片的独特设计,其既能粉碎硬性杂质,也能粉碎柔性杂质。刀片在双轴的带动下耦合转动,产生强大的剪切和挤压力,可将硬性固体物,如木棍、竹片、玻璃、易拉罐、塑料制品等彻底粉碎,这对下游的输送泵叶轮是一种很好的保护。对于柔性杂质的切割和粉碎是解决固体污染物危害的最佳途径。粉碎格栅的刀片选用特殊材质的合金钢制造,强度高,适用于不同材质的颗粒物的粉碎。

粉碎格栅必须配备独立的控制模块,构成一个独立的、完整的控制系统。控制模块可以对粉碎格栅的运行和停止进行控制。一旦发生固体物堵塞,控制模块就向粉碎格栅发出保护信号,使刀片自动反转,将障碍物退出后,又自动使其重新进入进行粉碎,实现整个运行过程的智能化控制和保护。

1.3 预制泵站的研究现状

近年来,预制泵站在国内外得到了推广应用。从预制泵站所代表的复杂流动系统来看,其内部流动受到多种因素的影响,如液位高度、泵运行工况、介质属性等,而流动是影响预制泵站输送性能和运行稳定性的关键因素,所以复杂流动的研究对于预制泵站的技术进步具有重要的意义。值得注意的是,目前发表的关于一体化预制泵站的文献研究多集中在基本原理和工程应用方面,对于流动机理的探索和讨论很少。

从具体的研究来看,目前预制泵站研究的重点有5个:① 泵站内部流动机理与流动特征的研究,通过认识流动,优化泵间距和筒体底部形状;② 预制泵站有效容积的优化;③ 新材料的使用及筒体抗浮设计;④ 泵站部件的优化设计;⑤ 预制泵站的远程控制技术。

预制泵站的优势显现度越来越高，尤其是其改变了传统污水泵站施工周期长、工作环境差、重复利用性差、建设成本高的缺点，并且预制泵站的自动控制功能得到高度认可。预制泵站的缺点也被明确指出，在实际应用中，预制泵站的使用范围和条件受到一定的制约，尽管预制泵站存在诸多优点，但由于运输原因，目前能够应用于实际污水提升工程的预制泵站的筒体最大直径为 4 m，所以不可能安装大流量的潜水排污泵，因此对于所输送的污水流量大的场合，不适合采用污水提升预制泵站。有的研究中拓展了预制泵站系统的概念，使其适应性更强。在文献[8]中，结合预制泵站的结构与运行特点，设计出了一套包含预制泵站在内的平原地区通道积水自动排出系统，从而解决了低路堤设计带来的下挖通道排水问题。

以上工作是针对预制泵站工程应用的研究工作，而针对预制泵站内部复杂流动的研究很少。预制泵站是一个多组件、过流部件复杂的流动系统。目前对于输送泵内的流动已经有一些基本的了解，如不良的流动会导致输送泵产生振动、噪声，并且降低输送泵的做功能力。剧烈的泵振动还可能诱发电机和连接管路的振动，损坏泵轴承等。对于预制泵站内的输送泵，由于其运行时叶轮淹没在工作介质中，因而一般不会发生汽蚀。

输送泵吸入口附近的流动特征是预制泵站内流动研究的重要关注点之一。由于筒体的空间有限，输送泵吸入口与筒底之间的垂直距离有限，因而输送泵吸入口的流动状态复杂，此处的流动会影响输送泵运行的稳定性，在输送固液两相流体时还可能导致固相出现沉积。相关的研究成果可以为预制泵站所借鉴。例如，计算流体动力学（Computational Fluid Dynamics，CFD）技术在研究泵吸入口的流动状态时发挥了重要的作用，模拟结果证明，当输送泵吸入口处的形状设计不合理时，将在泵吸入口产生漩涡，影响泵的入流质量，还会诱发泵的振动[3]。在冷却水泵中，专门开展实验研究泵的内部流动状态，重点分析漩涡产生的原因和影响泵振动的主要因素。泵站内部的流量分配和压力波动也是导致泵站及其部件产生振动的重要原因，这一点在数值模拟结果中得到证实[4]。对于安装在同一预制泵站筒体内的多台泵，可能存在着流量不同的问题，这为泵和泵站的振动埋下了伏笔。在对传统泵站底部的流动进行数值模拟研究后，发现局部流动对输送泵及整个系统的振动都会产生影响[5]。以上研究尽管不是针对预制泵站开展的，但研究中获得的结论，如局部流动结构的影响、流量分配不均引起的问题、入流质量对输送泵性能的影响等，均可以被借鉴到预制泵站的设计与研究工作中。

当预制泵站被应用于提升和输送污水时，泵站内部的介质为两相甚至多相流动，所以在筒体底部可能出现固相沉积现象。若固体杂质进入输送泵，则可能会造成输送泵过流部件的磨损，若输送泵的流道设计不合理或者泵运行参数不在理想范围内，则输送泵的流道可能发生阻塞，将严重威胁整个预制泵站的运行稳定性。某爱尔兰泵站为了防止输送泵堵塞而引入自动控制软件，可以实现远程预测、启停控制和维护[6]。在已发表的研究文献中，曾经对地埋式一体化污水提升预制泵站和传统泵站进行了细致的比较，获得的结论是为了防止固相在筒体底部沉积，可以将筒体底部设计成锅状，在输送泵的作用下，筒体底部形成有效的水流流动，从而可以防止固相沉积的形成与发展[7]。预制泵站可以借鉴另一个防沉积方法。在对污水泵站前池处的防淤结构进行研究时，对不同的防淤措施进行了对比，发现在前池中设置 45°的导流板可以达到最佳的防淤效果[8]。如果可以建立一个数学物理模型，实现对泵站底部的沉积发展过程进行预测，将节省许多工作。文献[5]数值模拟研究了输送泵入口和泵坑底部的流动参数分布，对底部淤积进行了预测，并提出了对现有结构实施改进的具体方法[1]。防沉积一直是预制泵站关注的焦点问题。在公开发表的"一种具有防沉淀功能的一体化预制泵站"专利[9]中提出，在输送泵运行前，对筒体底部的沉积物进行充分稀释，可以达到清洁的效果，但该方法比较烦琐。

在充分认识泵吸入口流动状态的前提下，对泵吸入口的结构和筒体容积进行优化可以进一步提高泵站的性能。Lu L. G.[10]采用数值模拟方法对比了 6 种不同类型的抽吸箱内部的流动状态，揭示了箱体内部的流动规律，并由此提出了优化设计方案，该工作对预制泵站的设计具有一定的指导意义。文献[11]对预制泵站的理论和技术进行了总结，结合泵站内部流动的数值模拟结果和有效容积的计算方法，在中小型污水预制泵站中实现了泵站的容积优化设计。预制泵站的有效容积优化设计方法应该遵循一定的理论，但是目前该理论还未被完全揭示，更多的设计过程中采用了经验公式。如果泵站的有效容积能够合理控制，则在输送固液两相流体时，固相的沉积将得到缓解[12]。如前所述，改变筒体底部的形状可以抑制固相沉积。在筒体上安装辅助装置，如预旋盆，就是抑制筒体底部固相沉积的有效办法，此时泵的吸入口宜设计为喇叭状。该预制泵站系统具有自清洁、无堵塞的功能。抑制了固相沉积，避免了许多隐患，比如固相沉积的有效减轻，就大大减少了异味气体的产生，这对维修维护人员的生命安全提供了必要的保障[13]。预制泵站的筒体内，输送泵对下层介质的抽吸难免会带动筒体内其他部位介质的运动，所以筒体内可能存在复杂的大尺度流动结构。目前研究泵站筒体内的漩涡流动的有效方法是数值模拟，有的研究中通过数值模拟分析了导致漩涡产生的因素，进而提出了多种类型消涡装置，通过数值模拟解释了消涡装置的漩涡抑制机理[14]。同样,在文献[15]中,通过数值模拟详细分析了漩涡形成、发展和脱落的过程,并对防漩涡装置的结构进行了研究。文献[14]和[15]中的研究方法和抑制漩涡的举措可以为预制泵站中增设辅助的防漩涡装置提供一定的参考。

自动控制系统是预制泵站的重要组件之一。尽管设计自动控制系统并不是流体机械及工程专业人员的强项,但自动控制系统是预防预制泵站运行问题和提供预制泵站安全运行保障的强有力工具。还可以通过自动控制系统提高预制泵站的工作效率,从而达到节能的目的。文献[16]研究了多台泵的运行调度与动态规划(Dynamic Programming, DP),提出了一种扩展的减少动态规划的算法,在优化函数中同时考虑了能量成本和维护成本。与常规的动态规划算法相比,扩展的算法可以显著减少计算时间,并能够评估降低运营成本的可行性。Hu N. S. 等[17]将基于自适应网络的历史和优化模糊推理系统应用于2个泵站操作系统的开发,获得了对泵站的运行进行控制的有效方法,该方法可以避免泵之间运行的干扰现象。已有报道中对泵站的节能进行了定量评估,发现有效地利用泵站的自动控制系统可以节省16%甚至更多的成本[18]。这对于长时间运行的大型泵站的节能具有重要的意义。

从预制泵站的性能测试来看,仅测量输送泵的性能并不能全面反映整个预制泵站的性能,所以需要对整个预制泵站开展试验。从国内已开展过的预制泵站试验来看,具备测试条件的单位并不多。国家泵类产品质检监督检验中心(山东博山)开展过预制泵站模型的试验研究,现场照片如图1.4所示。开展预制泵站试验的成本较高,尤其是需要一套与实际装置类似的试验系统,并且对数据采集系统的要求较高。对于预制泵站的性能试验,目前还没有相关的国际或国家标准,所以无法对试验内容、测试仪器、试验数据的处理等进行统一的规定。

图1.4 预制泵站试验台

1.4 本书的主要内容

尽管预制泵站已经得到了成功应用，并且应用前景良好，但在研究层面开展的工作还远远不够。已开展的研究工作多集中在工程应用和结构改进方面，对于影响预制泵站运行性能的流动机理的研究鲜见报道。目前预制泵站的设计体系尚不完备，设计参数的选择多基于经验判断，部件与部件之间的匹配也缺少明确的知识支撑，所以设计出的预制泵站的性能与实际要求存在着偏差。对流动机理的认识是完善预制泵站设计方法、推动预制泵站技术进步的前提。本书侧重分析预制泵站的内部流动特征，鉴于试验方法的局限性，本书重点采用数值模拟的方法获得预制泵站的内部流动规律，为工程应用提供参照。本书包含的主要内容：

(1) 预制泵站水力模型设计

根据预制泵站应用的场合不同，分别在小流量和大流量 2 种工况下对一体化预制泵站进行水力设计。在小流量工况条件下，采用单筒体结构方案；在大流量工况条件下，采用多筒体并联预制泵站，在多筒体并联方案中尝试采用顺序并联与对称并联 2 种方案。

(2) 典型污水泵的叶轮和蜗壳的设计

对双叶片和双流道污水泵，进行关键部件的水力设计，对比并分析 2 个不同形式叶轮的设计差异。对设计得到的 2 台污水泵输送清水和输送固液两相流时的性能和内部流动特征进行比较，评估 2 台污水泵的能量性能和通过能力。

(3) 预制泵站内部清水流动的数值模拟

采用三维造型软件对预制泵站内的过流部件进行三维造型，并抽取泵站全流道的水体域；运用网格划分软件对水体域进行网格划分；选择流动控制方程和湍流模型，对水体域进行边界条件设置，借助商用数值模拟软件提供的求解器进行流动控制方程组求解，对数值模拟结果进行后处理。

(4) 预制泵站输送固液两相流体时的流动特征分析

鉴于试验研究的局限性，通过数值模拟对预制泵站输送固液两相流体时的性能进行模拟，考虑固相体积分数的影响。监测不同固相体积分数条件下筒体内的流速分布和局部流动结构的形态。

(5) 输送泵安装方案对预制泵站防沉积能力的影响

在同一筒体内布置 2 台输送泵，在不同泵间距和不同泵安装高度条件下，考察预制泵站筒体内的固相沉积现象，借助固相体积分数确认最优的两泵布置方案。

(6) 特殊结构预制泵站的性能分析

针对大流量预制泵站，考虑多筒体布置方案的可行性，在数值模拟结果中提取关键位置和截面上的静压强及速度分布，分析影响流动参数分布的因素；着重分析泵站内的流量分配和同一筒体内泵与泵之间的运行干扰，从而对泵站的输送能力和运行稳定性进行评估，并且对不同并联方案进行对比分析。

2 预制泵站的设计

预制泵站的设计不是简单的部件设计，而是系统性的工程设计。预制泵站由于使用工况的不同，可能会有完全不同的设计特征。有的泵站扬程高，输送距离长，就需要考虑水锤的影响；有的泵站安装在农作物蔬菜地中间，位置非常特殊、占地面积受限制，就需要限定泵站的尺寸，并且考虑强度问题。

预制泵站设计的主要依据有《泵站设计规范》GB/T 50265—2010、《泵验收试验规程(2级)》ISO 9906—1999、《离心式潜污泵》JB/T 8857—2000、《潜水排污泵》CJ/T 3038—1995、《泵站安装及验收规范》SL 317—2004、《泵安装工程施工及验收规范》GB 50275—1998、《城市污水处理厂工程质量验收规范》GB 50334—2002、《机电产品包装通用技术条件标准》GB/T 13384—2008 等。

预制泵站是一个复杂的流动系统，其示意图如图 2.1 所示。从设计角度来看，预制泵站设计与单台泵的设计相似，也可以分为水力设计和结构设计两部分；然而，从设计的复杂程度来看，预制泵站设计的工作量毫不逊色于一个工程项目的设计。本书主要研究一体化预制泵站内部的复杂流动，所以着重对过流部分进行介绍，并不侧重土建、强度、控制等方面的内容。同时，根据运行参数，泵站的结构形式可能会有所不同，本书以流量参数为基准，对不同流量条件下预制泵站的结构和流动进行分析。值得一提的是，小流量和大流量并无明确的界定，并且预制泵站的结构与流量之间也无必然联系，从工程应用中的预制泵站来看，其结构更多的是根据安装条件和工作环境而定。

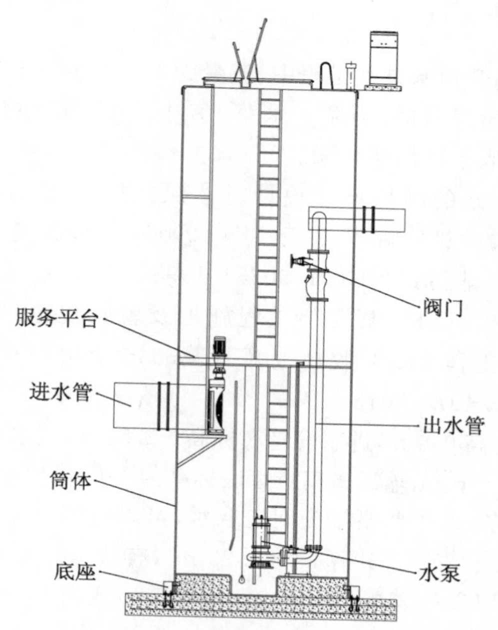

图 2.1 一体化预制泵站组成示意图

2.1 小流量预制泵站设计

2.1.1 参数设置

在小流量工况条件下，采用单筒体一体化预制泵站方案，参数设置见表 2.1。

表 2.1 单筒体一体化预制泵站方案参数设置

井筒直径/mm	井筒高度/m	进水管径/mm	出水管径/mm	水泵数量/台	启动方式
1 200	2～12	DN200	DN100	1/2	直接启动、软启动、变频启动
1 600		DN200	DN150	1/2	
2 000		≤DN600	≤DN400	1/2/3	
2 500		≤DN800	≤DN600	1/2/3	
3 000		≤DN1 000	≤DN1 000	1/2/3/4	
3 800		≤DN1 200	≤DN1 000	1/2/3/4	
4 200		≤DN1 400	≤DN1 000	1/2/3/4	

2.1.2 设计案例

某河道污水提升预制泵站工程中，流量为10 000 m^3/d。该泵站从河道取水，由于河道为开放式河道，为防止水草、落叶、垃圾等杂物进入预制泵站造成泵堵塞，在河道取水口加装格栅。

一体化预制泵站的结构尺寸设计时参照依据有《泵站设计规范》GB/T 50265—2010、《泵验收试验规程(2级)》ISO 9906—1999、《离心式潜污泵》JB/T 8857—2000、《潜水排污泵》CJ/T 3038—1995、《泵站安装及验收规范》SL 317—2004、《压缩机、风机、泵安装工程施工及验收规范》GB 50275—1998、《城市污水处理厂工程质量验收规范》GB 50334—2002、《一体化预制泵站应用技术规程》CECS 407—2015。

设定地平面标高0.0 m，进水管管底标高−2.81 m，进水管径600 mm，泵站出水管管底标高−0.5 m，输送最高点管底标高为1.0 m，出水管径300 mm。选择3台泵，2用1备，由于此泵站为河道取水，可以适当减小泵站的有效容积，按照最大单泵106 s的流量计算，$V=6.23\ m^3$，有效水深为0.89 m，泵最低淹没水位0.7 m，选用直径3.0 m的井筒，井筒露出地面0.2 m，则筒体高度=2.81+0.89+0.7+0.2=4.6 m。

泵扬程计算公式如下：

$$H=H_1+H_2+H_3+H_4$$

式中：H_1——净扬程，即水泵压力管道出口末端高程与水泵停泵高程差，$H_1=1.0+3.7=4.7$ m；

H_2——泵站外部管路沿程损失和局部损失，出水状态为重力流，取1.0 m；

H_3——泵站内部管路沿程损失和局部损失，取1.0 m；

H_4——安全水头，1.0～1.5 m，取1.5 m；

$H=4.7+1.0+1.0+1.5=8.2$ m，取9 m。

泵站设计参数见表2.2。

表2.2 泵站设计参数

参数	取值
筒体直径/mm	3 000
筒体高度/mm	4 600
泵站设计流量/($m^3\cdot d^{-1}$)	10 000

续表

参数	取值
泵站设计扬程/m	9
潜水泵额定参数	Q=210 m^3/h，H=9 m，N=13.5 kW
配套总功率/kW	13.5×3
地面标高/m	0.0
进水管管底标高/m	−2.81
出水管管底标高/m	−0.5
停止标高/m	−3.7
底部标高/m	−4.2
水泵台数(运行方式)/台	3(2用1备)

2.2 大流量一体化预制泵站设计

为了满足介质流量大并且只能设置一个泵站出口的设计要求，在大流量工况下采用多筒体组合式一体化预制泵站方案。设计流量为15 480 m^3/h，采用4个筒体并联连接方式，每个筒体的平均处理水量为3 870 m^3/h，输送设备同样为单级单吸离心泵，设计流量为1 940 m^3/h，扬程为11 m，筒体为玻璃钢制成的直径为3 800 mm、高度为11 670 mm的圆柱筒，每个筒体内放置2台泵。

2.2.1 扬程计算

大流量工况下多筒体预制泵站的扬程为

$$H=H_1+H_2+H_3+H_4 \tag{2-1}$$

式中：H_1——净扬程，即输送泵出水管道出口管底高程与水泵停泵液位之差，根据设计给定的预设值有 H_1=10.67—3.22=7.45 m；

H_2——泵站外部管路沿程阻力损失和局部阻力损失，暂记为0.0 m；

H_3——泵站内部管路沿程阻力损失和局部阻力损失，按照不锈钢管道取值；

沿程损失：

$$h_f=\lambda\frac{l}{d}\frac{v^2}{2g} \tag{2-2}$$

局部阻力损失：

$$h_{\mathrm{j}}=\sum_{i=1}^{n}\xi_i\frac{v^2}{2g} \tag{2-3}$$

按进水管径和出水管径各为 600 mm 和 300 mm 计算，其沿程和局部阻力损失之和约为 0.865 m。

H_4——安全水头，1.0～1.5 m，取 1.5 m。

计算结果如表 2.3 所示。

表 2.3 扬程和阻力损失计算结果 m

参数	计算结果
H_1	7.45
H_2	0.0
H_3	0.865
H_4	1.5
H	9.815
水泵扬程取值	11

2.2.2 有效容积计算

采用液位控制水泵自动开停的排水泵站，最高液位和最低液位之间的有效容积应根据水泵每小时最大启停次数确定。排水泵站的最高液位和最低液位之间的距离太近，电机频繁启停易导致过载；距离太远，水泵运行周期过长，增加了沉淀和堵塞的风险。因此，正确的最高液位和最低液位之间的距离是池型优化设计的关键。在我国现行的泵站设计相关规范中，普遍规定污水泵站的有效容积必须是最大一台泵 5 min 的流量，这一规定背后的依据是水泵每小时最多可以启动 6～7 次。

欧洲泵站设计标准《建筑物外部排水和污水系统・第 6 部分：泵设备》(EN 752－6—1998)中指出：湿井的尺寸和详细设计应基于最大和最小流量需求确定。启泵和停泵液位之间的有效容积应根据设备制造厂商推荐的启停次数确定。启动水位需考虑水泵的运行条件。根据此规范，泵站的有效容积只与配套水泵的启停次数和泵站的设计流量有关。有效容积不必拘泥于最大一台泵 5 min 的流量。

以一个人流流量为 50 L/s 的泵站设计为例，传统混凝土泵站必须考虑水泵的可靠性留有超过必需的余量，按照传统的设计理念，并且不考虑混凝土的建造误差等因素，设计师必须保证泵站有 9 m^3 的有效容积，而按照一体化预制泵站的设计理念，2.7 m^3 的有效容积就足够了，而且水泵的使用安全性也有保障。

同时，在《给水排水设计手册》第 5 册《城镇排水》3.1.6 集水池第 4 条关于集水池有效容积中也有如下说明：在液位控制水泵自动开停的泵站，可以用集水池的来水和每台水泵抽水之间的规律推算出有效统计的基本公式为

$$V_{min} = T_{min} Q/4 \tag{2-4}$$

式中：V_{min}——集水池最小有效容积，m^3；

T_{min}——水泵最小工作周期，s；

Q——水泵流量，m^3/s。

因此，水泵的最小有效容积与水泵的出水量和允许的最小工作周期成正比。只有单台泵工作时，所选水泵的流量为来水量的 2 倍，则泵的工作周期最短。

在我国现行的设计规范中，普遍规定污水泵站的有效容积必须是最大一台泵 5 min 的流量，也就是水泵每小时最多可以启动 6～7 次。经过分析泵站有效容积的计算方法，结合工程经验和泵性能测试，笔者认为预制泵站的有效容积不必局限于最大一台泵 5 min 的流量。在泵性能达标的前提下，预制泵站的有效容积可以达到传统混凝土泵站有效容积的 1/3，并且保证安全运行。另外一种方法是，根据大量的试验和实际项目验证，一体化预制泵站的有效容积约为该井筒在 30 s 内输送的介质体积，这一依据尽管并未形成成熟的公式，但已成为实际设计中的重要依据。因此，本书中单筒体一体化预制泵站的有效容积为 8.1 m^3，多筒体一体化预制泵站每个筒体的有效容积为 32.25 m^3。

2.2.3 结构尺寸

依据预制泵站设计和施工所遵循的标准，四筒体并联结构，其筒体主要尺寸如表 2.4 所示。

表 2.4 多筒体并联一体化预制泵站结构尺寸

参数	数值
筒体内径/m	3.8
筒体高度/m	11.67
筒体数量/个	4
地面标高/m	0.00
进水管管底标高/m	−7.82

续表

参数	数值
进水管管径 DN/mm	1 000
进水管数量/根	4
出水管管底标高/m	−3.22
出水管管径 DN/mm	500
出水管数量/根	8
启泵液位标高/m	−7.32
停泵液位标高/m	−10.17
筒体底部标高/m	−11.67

2.3 输送泵的选型

输送泵是一体化预制泵站的核心装备，输送泵的选择关系到整个泵站的性能发挥与稳定运行，输送泵选择的标准一般为[19-22]：

① 严格按照系统的性能参数，充分满足流量和扬程的要求；

② 要求输送泵能够适应所要求的流量和扬程在一定范围内的变化，在已定型的输送泵产品中，优先选用效率高、吸入性能好的泵；

③ 应尽量使所选择的输送泵在其高效区范围内即设计工况点附近运行；

④ 可在同一筒体内布置多台泵，但需充分考虑泵与泵之间的相互干扰；

⑤ 泵的启停控制方便，易于安装和维护。

一体化预制泵站的运行参数来自于工程规划设计，根据运行参数和安装条件确定筒体的数量和尺寸、管路布置方式，进而确定泵的类型、型号和台数等[23]。在输送污水的情况下，需要对泵的叶轮和前置切割装置进行重点考虑。泵叶轮宜选用大流道无堵塞式叶轮，在输送污水时可采用潜水排污泵。本研究中对于小流量预制泵站和大流量预制泵站分别采用不同的输送泵，而在同一泵站中采用的泵相同，2 种泵站选用的输送泵的技术参数如表 2.5 所示。

表 2.5　输送泵技术参数

类型	流量/($m^3 \cdot h^{-1}$)	扬程/m	功率/kW	水泵数量/台	水泵运行方式
单筒体泵站	324	21	30	3	2 用 1 备
多筒体泵站	1 940	11	90	8	8 用

2.4 泵站水体域三维造型

根据 2.3 中选择的输送泵的几何参数进行过流部件二维平面设计，进而在三维造型软件中根据二维平面图的尺寸进行过流部件三维几何模型的构建，同样利用软件中的布尔运算功能提取流道内水体域的三维模型，对一些曲面过渡、面相交、拐角等处的几何形状进行光顺处理。图 2.2 所示为单筒体一体化预制泵站的泵叶轮水体及蜗壳水体的三维模型。图 2.3 为多筒体一体化预制泵站的泵叶轮水体及蜗壳水体的三维模型。

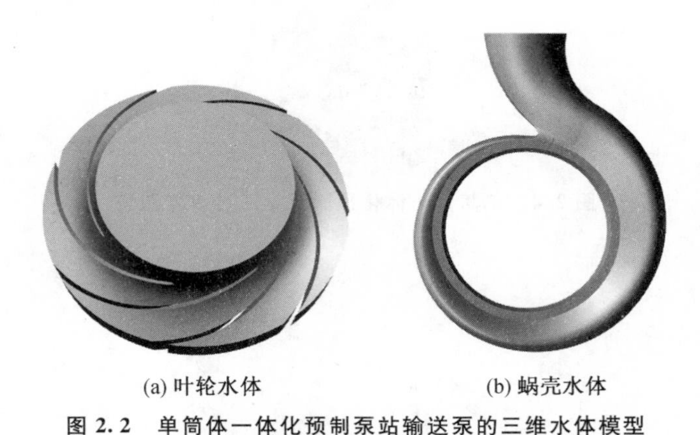

(a) 叶轮水体　　(b) 蜗壳水体

图 2.2　单筒体一体化预制泵站输送泵的三维水体模型

(a) 叶轮水体　　(b) 蜗壳水体

图 2.3　多筒体一体化预制泵站输送泵的三维水体模型

根据 2.2.3 中预制泵站的结构尺寸，设计了 2 种泵站的水体装配三维模型。在小流量一体化预制泵站中采用单筒体内布置 3 台相同输送泵的方案，如图 2.4 所示。在大流量一体化预制泵站中采用 4 筒体并联结构,分别为顺序并联和对称并联,每个筒体内布置 2 台输送泵,8 台输送泵的参数相同,2 种并联方案如图 2.5 所示。值得一提的是,4 筒体并联结构尚无工程应用实例和研究报道,属于新型的结构方案。

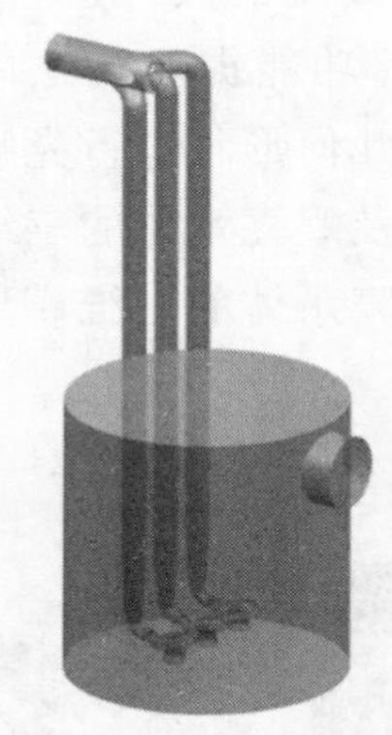

图 2.4　单筒体一体化预制泵站三维水体造型

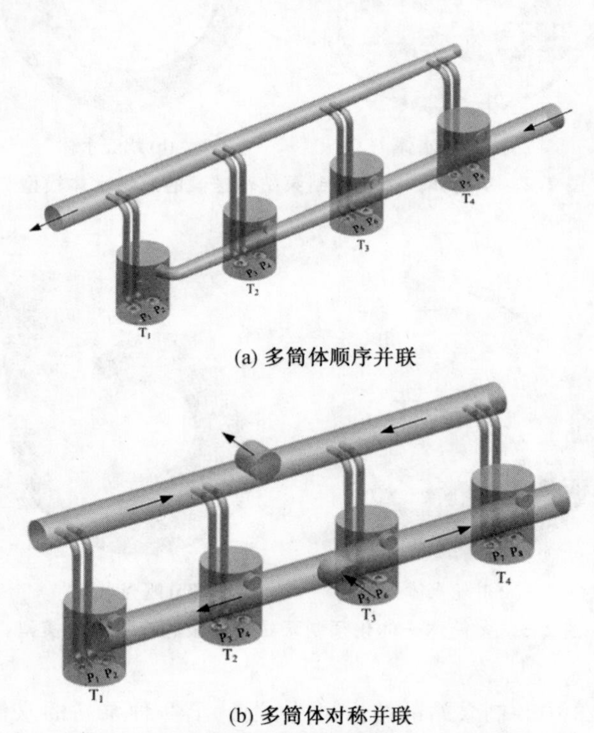

(a) 多筒体顺序并联

(b) 多筒体对称并联

图 2.5　多筒体并联一体化预制泵站三维水体造型

2.5 小结

本章针对小流量工况和大流量工况 2 种一体化预制泵站，从泵站的基本参数和输送泵的角度进行了结构设计。重点对筒体和输送泵的选择及布置方式进行了分析。基于现有的预制泵站设计规范与标准，在小流量工况下设计了单筒体配 3 台输送泵的方案；在大流量工况下设计了 4 筒体配 8 台输送泵的方案，并在 4 筒体方案中尝试采用了顺序并联和对称并联 2 种筒体布置方案。对于每一种方案，均对过流部件进行了水力设计与水体三维造型，在泵站全流道内构建水体域，为整体泵站内部流动的数值模拟打下了基础。

3 典型排污泵设计

潜水排污泵被用于输送含有固体颗粒和长纤维的废水、城市生活污水、雨水等,还可用于原水输送的灌溉。当潜水排污泵的过流部件使用耐腐蚀材质时,其亦可用于输送具有腐蚀性的污水和海水[24−26]。

3.1 潜水排污泵的研究现状及存在的问题

近年来,潜水排污泵的叶轮设计仍然以增大过流通道面积和抗缠绕为主要方向。例如,飞力公司的潜水排污泵叶轮以半开式双叶片叶轮为主,采用前盖板释放凹槽和浮动叶轮技术解决流道堵塞问题;格兰富公司开发了单叶片管状叶轮(S-tube Impeller)[27],其具有很高的效率和通过能力,同时解决了叶轮转动过程中的平衡和振动问题,配置该叶轮的泵的缺点在于轴功率有限。在环境保护方面,作为海绵城市的关键组件之一的一体化预制泵站,几乎全部采用潜水排污泵[28]。一体化预制泵站既能输送污水,又可输送雨水或雨污混合流体,安装便捷,投资少,不影响环境,在未来的城市建设和城镇化过程中将得到大力推广,从而潜水排污泵的应用范围将进一步扩大,在工程中的占比将进一步提高[29−32]。

尽管潜水排污泵应用广泛,但其在使用过程中仍然存在诸多问题[33,34]。近年来的多数研究工作是基于工程中的问题开展的。已报道的研究工作主要针对潜水排污泵水力部件的设计及优化[35,36]、潜水排污泵流道内的固-液两相流动的数值模拟[37,38]、潜水排污泵的试验研究[39,40]和污物的通过能力[41]4 个方面。潜水排污泵的叶轮形式主要有单流道、双流道、单叶片、双叶片、三叶片、半开式、旋流式及螺旋离心式[25]。关醒凡等提出了较为系统的无堵塞泵水力部件设计方法[42−44],涵盖了旋流式叶轮、单流道叶轮和双流道叶轮。施卫东等统计了优秀的无堵塞泵水力模型[45,46],借助回归分析总结了水力部件的经验系数设计法，并建立了经验系数的计算公式，达到实用要求。王准等对前伸式双叶片污水泵进行了设计和通过能力的研究[47]。由于后掠式与前伸式双叶片污水泵的制造较复杂，实际应用较少，目前专门针对普通双叶片污水泵叶轮的研究较少，朱荣生等对叶片式污水泵叶轮的设计方法进行了优化[48]，提出了主要叶轮几何参数的计算公式。张华等对单叶片螺旋离心式污水泵叶轮的设计方法进行了详细的分析和试验验证[49]。

潜水排污泵的电机与泵头共轴，因此整泵结构十分紧凑，这不仅节约了材料，也提高了泵的力学性能和振动性能；相应地，泵的使用寿命长。从目前工程应用中的潜水排污泵来看，存在以下 3 个亟待改进和提高的方面[50-55]：

① 由于材料和涂装不达标，长期浸泡导致电机潮气重，进而引起绝缘性能下降，甚至烧坏电机。材料本身的密度、成分、设计厚度等存在误差，使得材料致密性与防水能力不足；另外，排污泵产品表面涂装达不到既定的标准。如果涂装完全符合要求，其不仅具有防腐的作用，同时还能够防水，这在一定程度上能够弥补材料本身的缺陷。目前，国产泵与进口泵之间差距最大的地方也在于此，高质量进口泵的涂装寿命一般在 5 年以上，而国产泵的涂装使用仅 1 年后，其表面油漆便完全脱落，导致材料的锈蚀严重。

② 近年来，许多潜水排污泵厂家自己生产电机，电机的设计水平参差不齐；同时，这些厂家也随着产业的升级，开发和推行高效节能电机，其设计的电机过载能力明显不足。电机正常运行时，温增大，发热量大；此外，瞬时的污物堵塞导致电流增大，电机超载，甚至导致电机被烧坏。

③ 部分厂家未按照污水泵叶轮的设计方法设计叶轮，突出的问题有叶轮流道型线不合理、流道或叶片几何形状不恰当、叶片数明显偏多等。这些问题致使叶轮堵塞现象时有发生。

在以上 3 个问题中，前 2 个问题通过适当增加成本就可以很好地解决，而第 3 个问题是设计问题，同时也是机理问题，只能通过研究来解决，并且研究工作要与实际产品相结合。本研究旨在通过研究双叶片叶轮和双流道叶轮的设计方法，通过参数化或计算机辅助设计更精确的给定公式，给后续设计提供参考，同时本研究将提供潜水排污泵的典型结构，并对其中的设计特点进行论述。

3.2 潜水排污泵典型结构

从目前应用中的潜水排污泵结构来看，国内与国外的产品区别不明显。图 3.1 为某国产厂家的潜水排污泵结构。

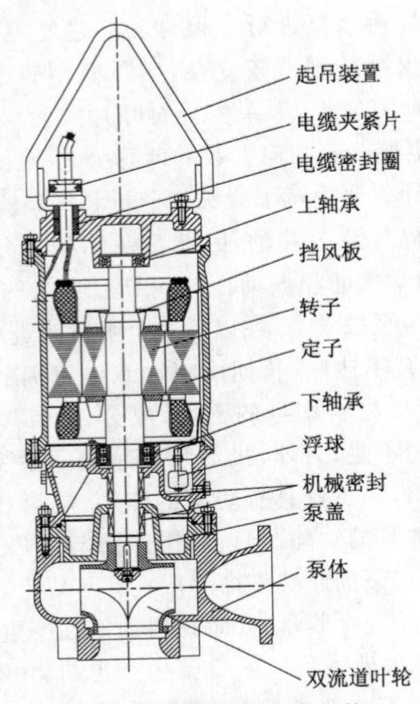

图 3.1　某国产排污泵结构

潜水排污泵的结构主要分为电机部分和泵头部分。电机部分主要包含定子、转子、接线室、出线装置、轴承、机封、油室[56,57]。电机部分的关键在于防止进水泄漏。泵头部分主要包含叶轮、泵体、泵盖。泵头部分的设计关键在于防止堵塞。

出线装置为电机密封的重点，国内外出线密封主要有 3 种形式[58-60]：① 采用二次硫化技术(见图 3.2)，将电缆出线部位重新剥掉外皮及绝缘层，露出铜线，通过二次硫化形成整体，同时加大该位置直径，用作密封圈；② 使用树脂灌封技术(见图 3.3)，将电缆剖开，重新灌注绝缘树脂，使电缆与电缆压盖形成整体；③ 使用密封胶圈对电缆进行密封。

由于潜水电缆在运输、安装过程中难免受到外力的作用；也有可能在存放、搬运的过程中导致电缆头浸水；在正常使用过程中，受到水流冲击会晃动，外皮容易磨损，导致电缆进水，水由于毛细现象会向前渗透，进入接线盒内。前 2 种方法，均可以使电缆磨损等导致电缆进水，水不会由于毛细现象进入接线盒内，但当用户需要更换电缆时，标准电缆无法更换，且增加了更换的难度和成本。现阶段，国内企业大部分采用的是第 3 种方法，但无法阻止电缆进水，进而导致电机进水，因此需要采取有效改进措施。

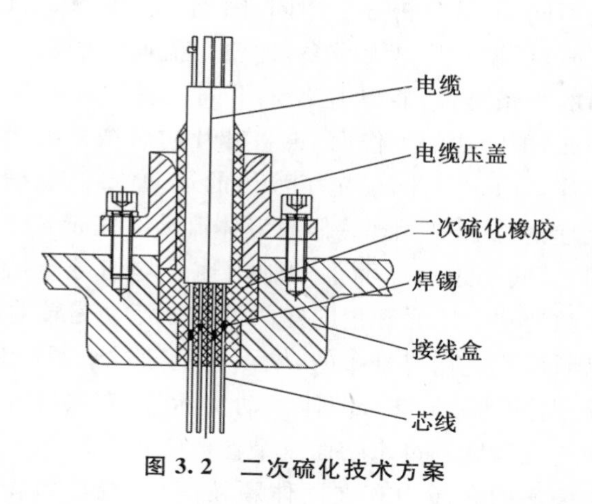

图 3.2　二次硫化技术方案

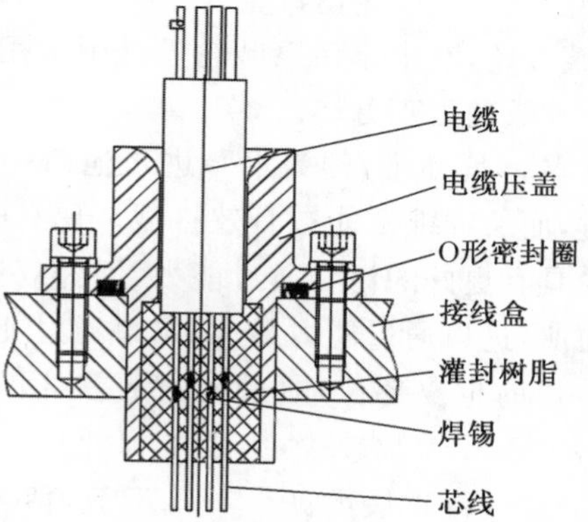

图 3.3　树脂灌封技术方案

3.3　潜水排污泵水力部件的设计理论及存在的问题

3.3.1　潜水排污泵水力部件的设计理论

潜水排污泵一般采用离心式叶轮，设计理论主要为一元理论，即速度系数法[61]。速度系数法是通过统计数据，总结出经验公式，根据公式计算水力部件的各尺寸[62]。为了研究叶轮内液体的流动规律，将叶轮从前盖板到后盖板分为若干层，每层为一个流面，假设液体只在各自的流面流动，互不干扰，每个流面的流动不同，但是分析方法相同，因此，将叶轮水力设计简化为研究流面的流动。同时，假设叶片是无穷多，即整个流面上的流线都相同，这条流线就是叶片表面的一条型线，将叶片各个不同位置均分的流线光滑连接，就形成了叶片的表面，即叶片的工作面，再将叶片向后增加适当的厚度，便形成了叶片实体和叶片背面。由此，确定了液体的运动流线，就确定了叶片形状，这就是一元设计理论[63]。一元理论假设液体流动时完全轴对称，即每个轴面上的流动均相同，且同一过水断面上的轴面速度均匀分布，轴面速度只随着轴面流线一个参数变化。二元理论同样假设液体流动是轴对称的[64]，但轴面速度沿同一过水断面不是均匀分布的，轴面速度随过水断面和轴面流线 2 个参数变化。三元理论[65]完全符合液体流动实际，按有限叶片数进行分析，则轴面速度随轴面流线、轴面、过水断面 3 个参数变化。

潜水排污泵输送的介质中存在固体颗粒、长纤维等污物，如何防止污物堵塞，是水力部件设计的重点，也即过流通道形状与面积应满足污物通过的要求，这主要反映在叶片进口、叶轮出口宽度和叶片数 3 个参数上[24,36,40]。因此，相对于标准离心泵叶轮，潜水排污泵叶轮设计中采用叶片进口边后移、出口宽度加宽和减少叶片数的处理方法。

叶轮防堵塞的重点是长纤维，因为水泵进水池前一般都设有拦污栅，大的固体颗粒无法通过，而长纤维不能被有效拦截。现有的理论普遍认为双流道叶轮比双叶片叶轮具有更好的污物通过能力，因为双流道叶轮实质是 2 个管状通道进行空间扭曲，进口通过能力最大，出口通过能力最小；双叶片叶轮的叶片进口与相邻叶片的重叠部位，通过能力最差，因此，当包角越大时，通过能力越差，但同时，由于叶片数较少，为了增加叶片的做功能力，包角又必须适当增大，应在两者之间寻求最优解[66-68]。双流道叶轮与双叶片叶轮的设计具有共性与可借鉴性，双叶片叶轮在设计时应尽量将最小过流通道设计成正方形，并适当增大叶片与盖板间的圆角。同时，要注意叶片间的扩散不可过大，否则会造成脱流和流动紊乱，进而使得效率下降。

3.3.2　设计理论存在的问题

一元设计理论不符合液体的实际流动，但是，应用基础研究就是要总结出相同的规律并进行简化，以便指导应用，因此，一元设计理论是成功的。由于现阶段对泵产品的深入研究，原有的经验公式或公式中的参数需要根据各种泵的细分领域缩小取值范围或使计算更加精确，以减少人为因素的干扰，提高设计的成功率与准确度。

3.4 潜水排污泵水力部件设计方法

3.4.1 双流道潜水排污泵叶轮及压水室设计方法

(1) 叶轮主要轴面尺寸的确定

采用速度系数法计算叶轮主要几何参数。叶轮轴面投影如图 3.4 所示。

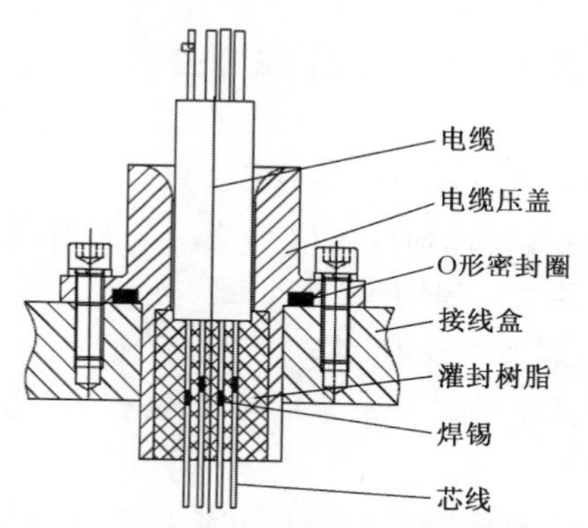

图 3.4 双流道泵叶轮轴面投影示意图

① 叶轮进口直径 D_j

$$D_j = K_{D_j}\sqrt[3]{\frac{Q}{n}} \tag{3-1}$$

式中：D_j——叶轮进口直径，m；

Q——泵设计流量，m^3/s；

n——转速，r/min；

K_{D_j}——叶轮进口速度系数，主要考虑效率时，取 3.5～4.0；兼顾效率与汽蚀时，取 4.0～4.5；主要考虑汽蚀时，取 4.5～5.0。

由于潜水排污泵潜入水下运行，对汽蚀性能要求很低，同时，污水泵应有较高的进口流速，大于颗粒的沉降流速，防止吸水口淤积，经统计优秀水力模型，本书推荐系数取 3.8～4.0，在该范围内取值，结合结构尺寸，确定最终圆整尺寸，建议该系数取值尽量接近 4.0。

② 叶轮出口直径 D_2

$$D_2 = K_{D_2}\left(\frac{n_s}{100}\right)^{-\frac{1}{2}}\left(\frac{Q}{n}\right)^{\frac{1}{3}} \tag{3-2}$$

式中：D_2——叶轮出口直径，m；

Q——泵设计流量，m^3/s；

n——转速，r/min；

n_s——比转速，$n_s=3.65n\dfrac{\sqrt{Q}}{H^{\frac{3}{4}}}$，其中 H 为扬程；

K_{D_2}——叶轮出口速度系数，取 9.8～11.5。由于叶轮叶片数较少，叶片做功能力较弱，液体滑移现象较严重，因此，污水泵叶轮设计时，该系数应大于普通离心泵的系数。比转速较小时，取大值；比转速大时，取小值。在实际设计时，可适当取大值，进行数值模拟后确定最终出口直径。

③ 叶轮出口宽度 b_2

$$b_2=(0.6\sim0.75)D_j \tag{3-3}$$

当叶轮出口断面并非圆形时，可取小值。本书推荐采用近似圆形，这样既能保证污物的通过能力，又具有较高的效率。

④ 叶轮前后盖板圆弧半径 R_1，R_2

叶轮前后盖板圆弧半径 R_1，R_2 分别与叶轮进出口直径及比转速相关，建议结合表 3.1 和图 3.5 选取。

表 3.1 叶轮前后盖板圆弧半径 R_1 和 R_2 的选取

n_s	R_1/D_j	R_2/D_2
≤80	0.60	0.4
80～180	0.45	0.5
180～250	0.35	0.6
≥250	0.27	0.8

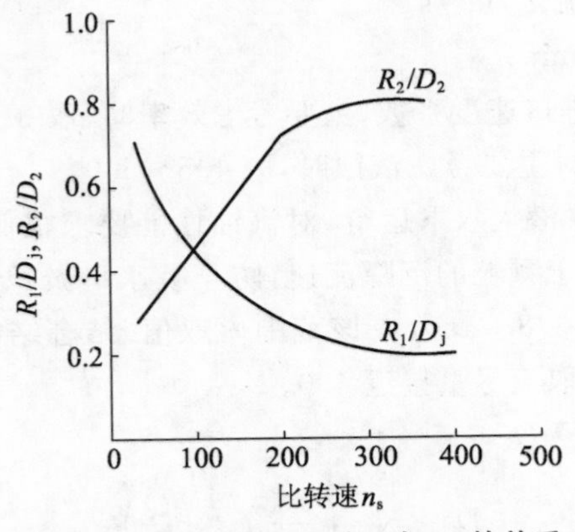

图 3.5 叶轮 R_1/D_j，R_2/D_2 与 n_s 的关系

⑤ 叶轮前后盖板倾角 T_1,T_2

叶轮前盖板倾角 T_1 通常为 85°～87°,后盖板倾角 T_2 一般为 90°。

(2) 叶轮主要平面尺寸的确定

叶轮平面投影如图 3-6 所示。

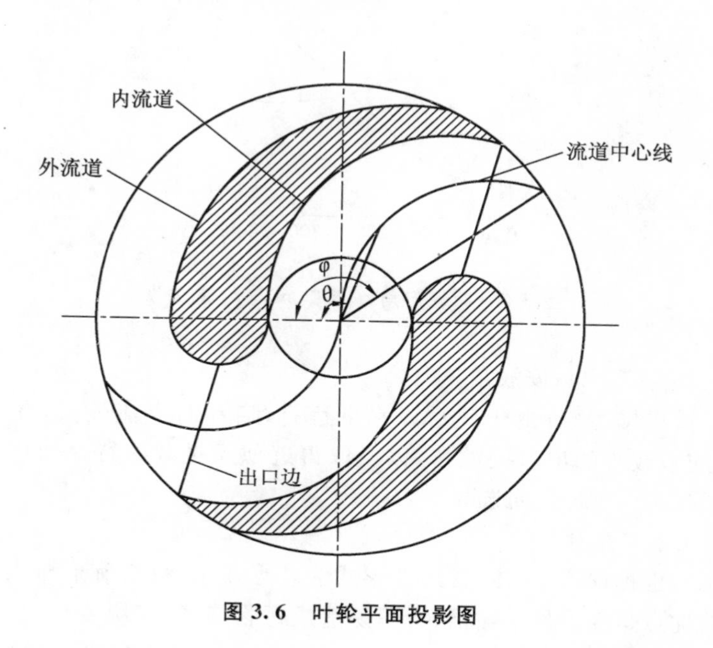

图 3.6　叶轮平面投影图

① 叶轮流道中线

叶轮流道中线的形状直接决定了内流道(吸力面)和外流道(压力面)的形状,也即决定了叶片包角、叶片进出口角,建议按下式进行计算:

$$r=\frac{D_2}{2}\left(\frac{\theta}{\varphi}\right)^m \tag{3-4}$$

式中:r——极半径,m;

θ——极角,(°);

φ——包角,(°),与比转速 n_s 有关,按图 3.7 进行选取;

m——系数,与比转速 n_s 有关,按图 3.7 进行选取。

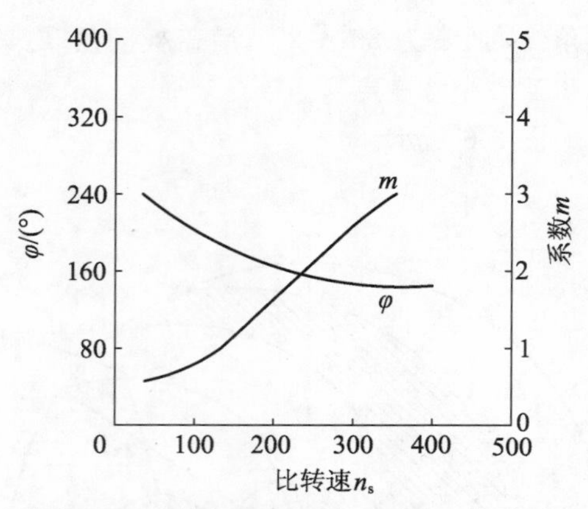

图 3.7 叶轮包角 φ、系数 m 与 n_s 的关系

② 叶轮流道出口安放角 β_2

对于潜水排污泵，由于其潜入水下运行，启动时电流较大，并且包角较大，因而应取较小的出口安放角，以便取得近似无过载的特性曲线。出口安放角一般在 10°～18°之间选取。

(3) 压水室设计

压水室也称蜗壳、泵体，常用的形式为环形压水室、螺旋形压水室。环形压水室的优点是隔舌处间隙很大，不易造成污物堵塞，工况变化时，效率下降较少；缺点是压水室内的液体相互碰撞，损失较大，效率较低，在设计工况运行时仍然会产生较大的径向力。除尺寸特别小的水泵或特殊要求的水泵，较少采用环形压水室。螺旋形压水室(见图 3.8)符合液体流动的规律，满足速度矩守恒定律，因此具有水力效率高、高效范围宽广的优点，在设计工况运行时，几乎不产生径向力。

① 基圆直径 D_3

潜水排污泵基本采用螺旋形压水室，压水室的设计与普通离心泵基本相同。常规设计时，螺旋形压水室隔舌间隙小，容易造成污物堵塞，引起噪声、振动和汽蚀，影响泵的通过能力。但是过大的基圆直径，会增加泵的径向尺寸，同时液体在叶轮出口与基圆之间的间隙内运动的自由度增大，有时还会引起循环流，增加了能耗，降低了泵的效率；基圆直径越大，消耗的能量越多，泵的效率越低，反之，则泵的效率越高。潜水排污泵为了保证污物通过能力，隔舌间隙比一般离心泵大，这也导致污水泵效率低于一般离心泵。

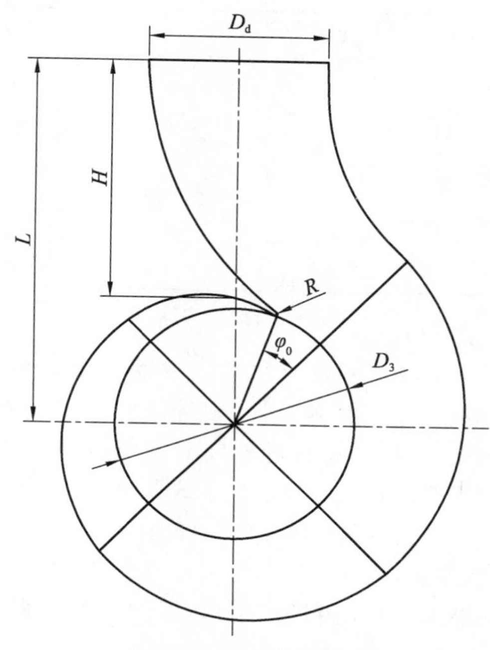

图 3.8　压水室平面图

基圆直径 D_3 适当取大，在保证泵的通过能力的情况下，尽量减小隔舌间隙，根据叶轮外径，建议按下式选取：

$$D_3=(1.15\sim1.25)D_2 \tag{3-5}$$

高比转速和尺寸较小的泵取大值，根据比转速与叶轮直径综合选取，参考表 3.2 和表 3.3。

表 3.2　比转速与 D_3/D_2 的关系

n_s	D_3/D_2
≤80	1.15
80～120	1.18～1.20
120～250	1.22
≥250	1.25

表 3.3 叶轮直径与 D_3/D_2 的关系

D_2/mm	D_3/D_2
≤100	1.25
100～200	1.24～1.22
200～300	1.22～1.18
300～400	1.18～1.16
≥400	1.15

② 压水室进口宽度 b_3

压水室进口宽度 b_3 有 2 种设计方式：一种为开敞式通用化设计，b_3 大于叶轮出口宽度 b_2；一种为闭式精确设计，b_3 等于叶轮出口宽度 b_2。为了提高通用性，建议采用开敞式设计，这样叶轮前后盖板能够带动旋转的液体流入压水室，回收部分圆盘摩擦损失。建议按下式取值：

$$b_3 = b_2 + 2\delta + (10 \sim 30)\ \text{mm} \tag{3-6}$$

式中：δ——叶轮盖板厚度，对于 10～30 mm 的余量，小泵取小值，大泵取大值。压水室断面形式建议选择矩形或圆形，以便具有较强的通过能力，同时制造方便。

③ 压水室出口扩散段长度 H

关于压水室出口扩散段的设计，已有资料中描述较少，从工程应用来看，出口段是产品设计中最容易忽视的地方，设计不当会导致泵效率大幅下降。由于潜水排污泵为中心出水，该段的长度不应过小，否则会造成流道变化过急。扩散严重时，脱流引起的水力损失较大；流动方向变化较大时，流道短会引起较大的撞击损失。工程应用中发现不合理的出口段最多可造成相当于15%泵扬程的能量损失。根据文献[69]的研究报道，不合理的蜗壳设计，使泵的扬程和效率大幅下降，无法满足泵的设计要求。因此，应该重视压水室出口扩散段长度的取值。

一般情况下，扩散段的长度用中心至出口的长度 L 表示，由于潜水排污泵为中心排出式，相同出口直径 D_d 的泵，基圆直径各不相同，为了便于给出定义取值，用基圆外圆至压水室出口的长度 H 表示，建议参考表 3.4 进行取值，这样既能保证较高的泵效率，又可以提高产品的通用性。

表 3.4　压水室出口扩散段长度 H 取值

D_d/mm	H/mm	D_d/mm	H/mm
50	80	300	350
80	100	350	400
100	120	400	450
150	190	500	550
200	250	550	600
250	300	600	650

④ 压水室隔舌安放角 φ_0

隔舌安放角 φ_0 的大小应保证蜗壳的螺旋部分与扩散部分光滑连接，并尽量减小蜗壳的径向尺寸，因此，取较大的隔舌安放角可以提高泵的通过能力。由于潜水排污泵输送的污物较多，隔舌磨损严重，隔舌的厚度应增大，建议隔舌安放角按表 3.5 选取。

表 3.5　隔舌安放角 φ_0 与比转速 n_s 的关系

n_s	φ_0/(°)
<100	28～32
100～200	32～35
200～300	35～38
>300	38～43

3.4.2　双叶片潜水排污泵叶轮设计方法

(1) 叶轮主要轴面尺寸的确定

采用速度系数法计算叶轮主要几何参数，由于双叶片与双流道有较多相似部分，部分参数计算公式相同。叶轮轴面投影图如图 3.9 所示。

① 叶轮进口直径 D_j：按式(3-1)计算

② 叶轮出口直径 D_2：按式(3-2)计算

③ 叶轮出口宽度 b_2

$$b_2=(0.5\sim0.7)D_j \tag{3-7}$$

比转速大者，取大值。

④ 叶轮前后盖板圆弧半径 R_1，R_2

叶轮前后盖板圆弧半径 R_1，R_2 应尽量取大，使得过渡圆滑，保证过流断面面积逐渐增加,无突变。

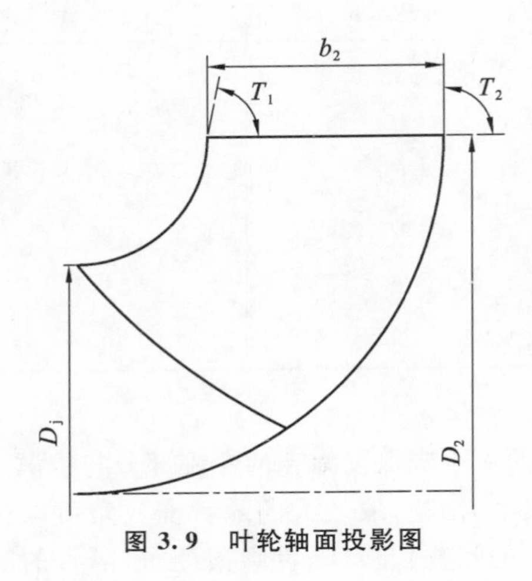

图 3.9 叶轮轴面投影图

⑤ 叶轮前后盖板倾角 T_1,T_2

叶轮前盖板倾角 T_1 通常为 85°~87°,后盖板倾角 T_2 一般为 90°。

⑥ 叶片包角 φ 与出口安放角 β_2

由于污水泵的叶片数较少,大的包角能够增强叶片的做功能力,同时大的包角可对应小的出口安放角,目前大部分设计方法建议取 180°左右,文献[48]建议取值 220°左右。以本书样机为例,当叶轮包角取为 120°时,理论最大通过颗粒直径与叶轮出口宽度相同,约为 52 mm;当叶轮包角取为 150°时,理论最大通过颗粒直径约为 40 mm;当包角为 180°时,理论最大通过颗粒直径约为 30 mm;当包角为 220°时,理论最大通过颗粒直径约为 22 mm。4 种包角条件下的叶轮示意图如图 3.10 所示。

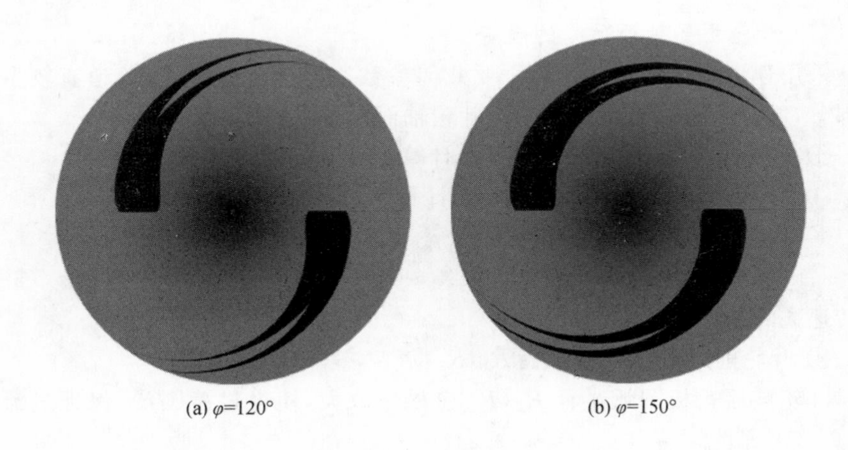

(a) φ=120°　　(b) φ=150°

图 3.10 4 种叶片包角对应的叶轮模型图

通过模拟计算，在其他参数不变的情况下，随着叶片包角逐渐增大，效率呈逐渐增加的趋势。但当包角大于 150°后，效率变化较小，通过能力快速下降，当实际使用时，易发生堵塞。

综上，建议叶片包角取为 120°～150°，这样既能保证通过性，又具有较高的效率，可以满足实际使用需要。叶片出口安放角的取值小于普通离心泵，取为 15°～ 25°，根据文献[70]，出口安放角取 18°时，扬程、功率、效率达到最大值，因此，常规比转速建议取值不小于 18°。

压水室的设计与双流道部分相同，不再赘述。

4

预制泵站性能测试方法

预制泵站的核心组件是输送泵，所以对预制泵站的性能测试首先要对泵的性能进行测试。当泵被安装于预制泵站筒体内时，泵性能的测量不易实施，因此常常对单泵进行性能试验。泵的测试要遵循相应的规范，从泵测试台的搭建、流动介质的选取与处理、测量仪器的选取、测量方法的选用到测试数据的记录与处理，都要按相应的规范进行操作。泵的试验种类多，如出厂运行试验、性能试验、汽蚀试验、振动试验、四象限试验等，有的泵应用于输送有腐蚀性或放射性的介质时，还要求进行耐久试验，以评价实际运行的安全性。对于用于预制泵站的输送泵，其测试的依据一般是《回转动力泵　水力性能验收试验　1级、2级和3级》(GB/T 3216—2016)，该标准等价于《回转动力泵-液压性能验收试验-1级，2级和3级》(ISO 09906—2012)和《潜水泵试验方法》(GB/T 12785—2014)两个标准。

有些大型泵(流量大或功率大)或装置无法进行原型泵或原型装置的试验，只有将原型泵或装置缩小成一定比例的模型或模型装置才能进行试验，然后将模型的试验结果通过相似换算转化为原型泵或装置的相应数据。

4.1　输送泵外特性试验的目的

有的输送泵并无成熟的商用产品，需要开展新的泵设计，以获得满足性能要求的输送泵。在这种情况下，为了验证设计结果，需要测量泵在各流量工况点的扬程、功率、效率等外特性参数，即需要进行输送泵的外特性试验。

4.2 典型的泵特性试验方案及设备

4.2.1 试验方案

立式污水泵的性能测试一般在开式试验台上开展，典型的开式试验台整体结构示意图如图 4.1 所示。该试验台符合 GB 3216－2016 标准中的二级精度等级(B 级)。泵出口管路上设置了压力传感器、电磁流量计和电动闸阀。

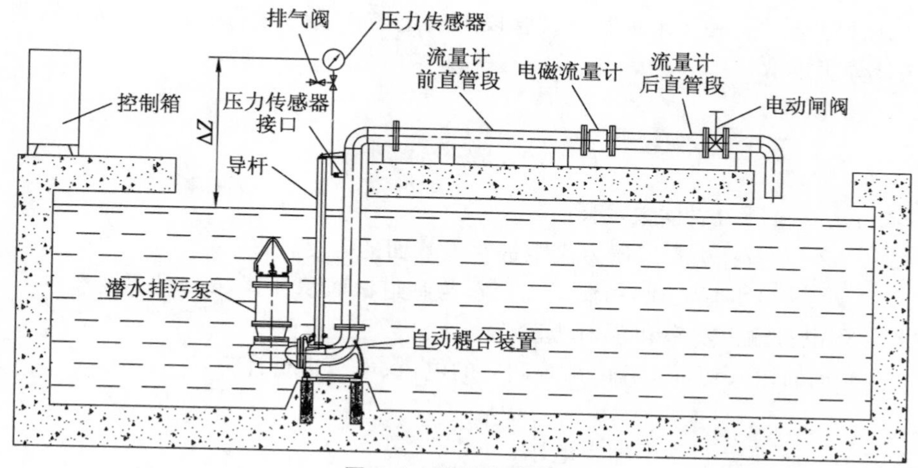

图 4.1 试验管路装置

经过一系列工艺流程后完成输送泵的样机制造。电机绝缘检测合格、整机气压渗漏试验合格后进入外特性试验台。

(1) 典型的输送泵试验方案流程

① 将输送泵置于平整地面，连接泵电缆至控制箱，确认接地电缆已可靠接地，点动试机，观察叶轮的旋转方向，如果旋转方向不正确，任意调换三相动力电缆中的两根即可。

② 断开电源，通过行车起吊水泵至试压管路，通过导杆下滑至自动耦合装置，完成自动装配。

③ 打开微机测试系统，输入测量泵的参数要求，确认管路上的电动闸阀已完全关闭，确认压力传感器的排气阀打开。

④ 启动泵，观察泵运行电流、噪声、振动是否正常，确认泵启动成功后，适度打开电动闸阀；确认压力传感器的排气阀空气排净，正常排水后，接入压力

传感器。

⑤ 确认计算机测试系统能够正常读取电流、电压、功率因数、输入功率、流量、出口压力等数据，缓慢打开阀门，每隔一定出口压力，并待数据稳定后读取数据，直至测量覆盖设计工况 1.2 倍流量的数据，数据点为 13 个，注意测试过程中不得长时间超过电机额定电流运行。

⑥ 试验过程中，随时观察输送泵的噪声与振动。保存测试数据，关闭电动闸阀，停止水泵，断开电源、电缆，吊出输送泵，测试过程完成。

(2) 各参数的测量和计算方法

① 流量

流量通过安装于出水管路直管段上的电磁流量计进行测量，并直接从测试计算机读取。

② 扬程

$$H=101.3p_2+\Delta Z+\frac{v^2}{2g} \tag{4-1}$$

式中：p_2——压力表读数，MPa；

ΔZ——表位差，即压力表距进水池液面的高度，m；

v——出水管流速，由测量的流量与管道截面积计算，m/s。

③ 电机输入功率和泵轴功率

电机的输入功率 $P_{电}$ 由系统测得的电流、电压进行计算：

$$P_{电}=UI \tag{4-2}$$

式中：U——泵运行中的输入电压；

I——泵运行中的输入电流。

泵轴功率为电机的输入功率乘以电机的效率，即

$$P_{轴}=P_{电}\eta_{电} \tag{4-3}$$

④ 效率 η

由有效功率与轴功率的比值确定，即

$$\eta=\frac{\rho gQH}{P_{轴}}\times 100\% \tag{4-4}$$

本公式计算得到的效率，是除电机效率外的泵机组整体效率，包括了容积损失、摩擦损失和管路沿程、局部损失。

4.2.2 试验系统

试验系统一般包括试验装置、测量仪器和配电设备。此处列举的设备实物照片如图 4.2 所示。电磁流量计的安装满足直管段长度前 5D 后 3D (D 为管段直径)的要求。

(a) 计算机测试系统及控制台

(b) 配电系统

(c) 电磁流量计控制表

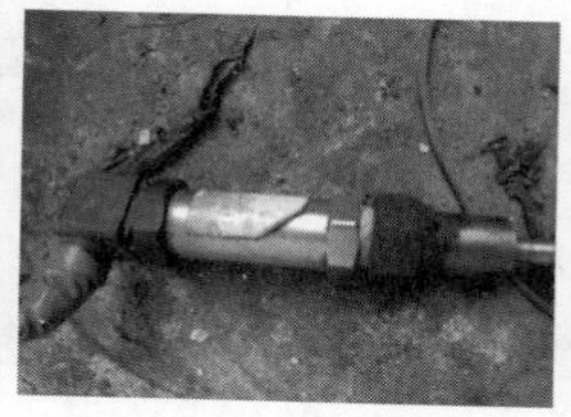

(d) 压力传感器

(e) 现场接线箱

(f) 电磁流量计

(g) 管路系统

(h) 电动闸阀与出口

图 4.2 泵试验台的主要设备

4.3 输送泵外特性试验结果

表 4.1 列出了测试系统采集并处理的某输送泵的外特性试验数据，其中包含了换算至额定转速后的数据。

当样机试验结果优于相关标准的规定值时，设计是合理的。同时，泵试验获得的扬程和效率均低于数值模拟的对应结果，这与数值模拟中未能考虑实际产品的摩擦、泄漏、转速波动等有关。通过测量和数据处理，获得设计工况点机组的效率和最高工况点机组的效率。在一般的输送泵的特性曲线图上，随着流量增大，泵扬程逐渐下降，流量-扬程曲线不宜出现驼峰，功率曲线宜平坦；在整个流量范围内，不可出现超功率现象，这样才能证明输送泵叶轮的设计合理，电机的选取具有充足的余量，能够满足输送泵工况变化较大的使用要求。某输送泵的外特性试验数据和性能曲线图分别如表 4.1、图 4.3 所示。

表 4.1　输送泵外特性试验数据

产品型号	100WQ100 - 10 - 5.5		入口直径	0 mm		表位差	0.42 m		
产品编号	双流道样机		出口直径	100 mm		叶轮直径	130 mm		
生产单位	江苏中兴水务有限公司					额定转速	2 840 r/min		
序号	测定数据						换算到额定转速		
	入口压力/Pa	出口压力/Pa	流量/($m^3 \cdot h^{-1}$)	转速/($r \cdot min^{-1}$)	功率/W	电流/A	流量/($m^3 \cdot h^{-1}$)	扬程/m	轴功率/W	机组效率/%
1	0.0	0.152 0	21.3	2 840	3 938.2	7.2	21.3	16.2	3 386.8	27.66
2	0.0	0.148 2	26.6	2 840	3 958.5	7.3	26.6	15.8	3 404.3	33.64
3	0.0	0.143 5	36.4	2 840	4 060.7	7.4	36.4	15.4	3 492.2	43.64
4	0.0	0.130 8	58.5	2 840	4 586.8	8.1	58.5	14.2	3 944.6	57.33
5	0.0	0.121 3	68.4	2 840	4 823.1	8.5	68.4	13.3	4 147.9	59.77
6	0.0	0.110 0	81.1	2 840	5 071.5	8.8	81.1	12.3	4 361.5	62.22
7	0.0	0.102 0	87.2	2 840	5 157.8	9.0	87.2	11.5	4 435.7	61.81
8	0.0	0.091 3	95.4	2 840	5 245.7	9.1	95.4	10.5	4 511.3	60.70
9	0.0	0.082 3	104.0	2 840	5 342.3	9.3	104.0	9.7	4 594.4	60.02
10	0.0	0.072 8	110.8	2 840	5 388.9	9.3	110.8	8.9	4 634.5	57.68
11	0.0	0.062 2	118.5	2 840	5 395.2	9.4	118.5	7.9	4 639.9	54.93
12	0.0	0.050 0	126.8	2 840	5 406.2	9.4	126.8	6.8	4 649.3	50.36
13	0.0	0.029 0	141.3	2 840	5 451.0	9.5	141.3	4.9	4 687.9	40.12

图 4.3 为试验获得的输送泵特性曲线，包括 $Q-H$，$Q-p$，$Q-\eta$ 曲线。

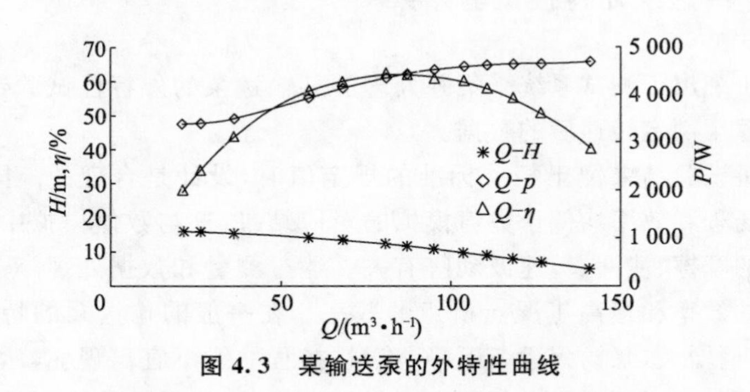

图 4.3　某输送泵的外特性曲线

一般来说，出口宽度大的叶轮，其杂质的通过能力更优。稍大的叶片出口角可以得到较高的关死点扬程，当设计对关死点扬程有要求的输送泵时，具有参考意义。

4.4 预制泵站试验

如前面所述，开展预制泵站的试验较为困难，尤其是在输送含有污物的介质时，一般的试验台无法满足试验条件。此处列举几个主要的预制泵站试验项目。

首先应对预制泵站进行成品外观检验。外观检验包括泵站外观目视检查、随机文件检查、标牌检查和包装检查。泵站应贮存在合适的环境内，并定期进行检测。

（1）筒体试验

筒体是预制泵站的最主要部件，筒体应在组装完成后进行盛水试验，灌满水后，静置 2 h，不得有渗水、变形现象。泵站的筒体与底部是整个预制泵站是否能在 50 年的使用寿命期中正常运行的关键，筒体的强度检测和泵站整体防渗漏质量检测是整个泵站质量控制的关键。防渗漏检测必须对泵站整体进行封闭打压试验，预制泵站必须达到不渗漏的要求，以防止对环境造成污染。

（2）水压试验

应对预制泵站的管路系统进行水压试验，试验压力应为 0.6 MPa，保压时间为 10 min，不得有渗漏和异常变形。预制泵站使用的每批金属管材均必须进行探伤试验。

（3）排水性能试验

将泵站挡位调为自动控制，在规定的进水流量范围内，预制泵站应能及时有效地将水排出。使用前级泵及阀门控制进水流量，在不同进水流量下观测预制泵站排水情况与自动启、停三次泵的运转情况（进水流量定为单台水泵额定流量的 20％，100％，20％＋1，100％＋1，…，20％＋n，100％＋n，其中 n 为水泵台数）。

（4）泵性能试验

对于单泵性能试验，前面所述为在泵不安装于泵站时对泵进行的性能测试。在泵安装入预制泵站的筒体的情况下，如想测试泵的性能，则在保证筒体内液位不变的情况下，按照《潜水泵试验方法》（GB/T 12785－2014）对输送泵进行性能测试。流量、扬程、机组效率应符合标准要求。对于多泵性能试验，在保证筒体内液位不变的情况下，同时运行所有泵，按照《潜水泵试验方法》(GB/T 12785－2014)检验。总流量、扬程、机组效率应符合标准要求。

除此之外，预制泵站各部件的材质要符合相关规定，分别按照相应的材料检验方法实施检验。根据高低液位计算预制泵站的有效容积，必须满足设计要求。电气耐压试验按 GB 998 中 6.3 规定的进行，电控器电源线和输出线对其外壳及水体间应承受交流 1 500 V 电压历时 1 min，无击穿和飞弧现象(漏电流≤0.5 mA)。控制柜柜体按照 GB/T 3797 中的要求检验。部件元件查验有效的合格证明或 3C 证明。

图 4.4 为预制泵站测试装置示意图。

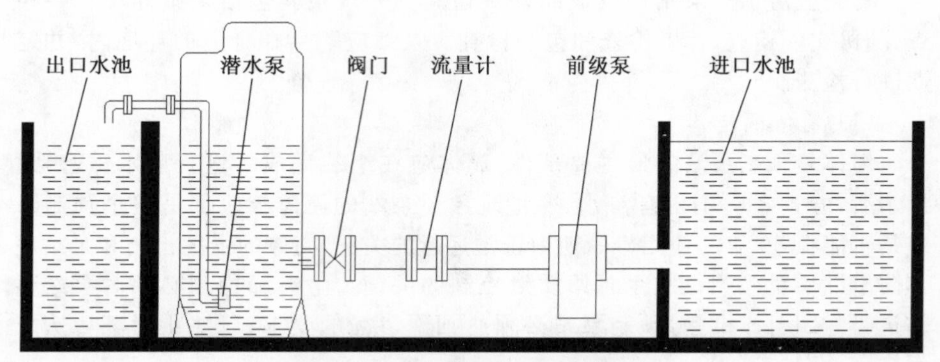

图 4.4　预制泵站测试装置示意图

图 4.5 为某预制泵站试验台。

图 4.5　某预制泵站试验台

实际工程中，预制泵站的检验分出厂检验和型式检验，检验项目和要求分别按表 4.2 中相应的规定。

表 4.2 项目检验和要求

序号	项目名称
1	外观要求
2	材料要求
3	设计功能及要求
4	电气性能要求
5	水压筒体盛水试验
6	水压试验
7	排水性能试验
8	性能试验

出厂检验必须逐台进行，以确保预制泵站的质量。预制泵站系统应根据工程规模、工艺组合流程、运行管理的要求设置生产控制、运行管理与安全运行相关的检测仪表和控制装置。型式检验则应从出厂检验合格品中任意抽取一台进行，抽取基数不小于 3 台。在预制泵站的结构或工艺有较大改变时，应进行型式检验；国家质量部门提出型式检验要求时，也应进行型式检验。用作型式检验的样品应全部都能通过各项检验，若其中一台一项检验不合格，则应加倍抽取样品进行试验，若仍然有一台一项不合格，则判定该批产品不合格。

5

预制泵站内部复杂流动的数值模拟

本章主要对预制泵站内部流动进行数值模拟，对包含流体流动和传热等物理现象进行系统分析，并将流动与泵的性能和泵站的性能进行关联。在数值模拟工作中，各泵的位置和相对距离可以灵活调整，从而通过对比可以得出泵内流动稳定，各泵之间流动相互影响小；泵的使用寿命长的方案。流动会激励泵的振动，有时还会产生共振，影响泵的使用寿命。通过数值模拟也可以对此进行预测。采用数值模拟，可以调整泵站底面的形状、坡度，设计出最优的具有自清洁功能的底部空间，该底部不会产生污泥沉积。当泵停止运行时，经过优化设计的泵站底部只允许少量的污水停留在泵坑，当泵再次启动时，泵坑附近的高流速可以达到自清洁的效果，免除了人工清淤。目前这一工作通过试验实现的难度较大，数值模拟则提供了很好的研究手段。

5.1 引言

随着计算机硬件和软件技术的快速发展，数值计算在工程领域中的应用不断深入。计算流体动力学[71]是针对流动参数求解的数值模拟技术，在20世纪末得到了快速发展，诸多商用CFD软件的功能得到完善。通过使用合理的数值模型，CFD可以模拟复杂的定常和非定常流动，显示流动中的漩涡、流动分离、空化等现象，为流体机械或流动系统的设计或优化提供参考。相对于传统的设计方法，CFD的应用可以显著缩短产品的设计周期[72,73]。和试验研究相比，数值模拟的成本低、周期短、对复杂流动的适用性强，而且数值模拟过程中不受试验条件的限制，因此CFD技术已经被广泛应用于叶片泵的设计和流体系统的研究中[74]。目前，一些CFD软件和流体机械设计软件整合应用，可以在获得的流场结果的基础上，自动开展流体机械的优化设计。CFD和试验并不对立，两者相辅相成，共同促进了流体机械和流体系统设计水平的提升。

5.2 流动控制方程与湍流模型

5.2.1 基本方程

流体机械和流体系统内的流体流动问题均要遵循质量守恒、动量守恒和能量守恒三大守恒定律[75]。

(1) 连续性方程

连续性方程的本质为质量守恒方程，其表示单位时间内流入和流出控制体的质量相等(无源项的情况下)，其微分形式的表达式为[76]

$$\frac{\partial \rho}{\partial t}+\frac{\partial}{\partial x_i}(\rho u_i)=0 \tag{5-1}$$

式中：ρ——流体密度；

u_i——与坐标轴 x_i 平行的速度分量，$i=1,2,3$。

如果研究的流动为定常流动，则有

$$\frac{\partial}{\partial x_i}(\rho u_i)=0 \tag{5-2}$$

如果流体为不可压缩流体，则连续性方程可进一步简化为

$$\frac{\partial u_i}{\partial x_i}=0 \tag{5-3}$$

(2) 动量守恒方程

流体的动量守恒方程为 Navier - Stokes(N - S)方程，是牛顿第二定律在流体流动中的体现，其微分形式的表达式为

$$\frac{\partial u_i}{\partial t}+\frac{\partial}{\partial x_j}(u_i u_j)=f_i-\frac{1}{\rho}\frac{\partial p}{\partial x_i}+\mu\frac{\partial^2 u_i}{\partial x_i \partial x_j} \tag{5-4}$$

在定常流动、不可压缩流体条件下的动量方程为

$$\frac{\partial}{\partial x_j}(u_i u_j)=f_i-\frac{1}{\rho}\frac{\partial p}{\partial x_i}+\mu\frac{\partial^2 u_i}{\partial x_i \partial x_j} \tag{5-5}$$

式中：p——压强；

f_i——i 方向的体积力分量。

(3) 能量守恒方程

流体的总能量包括内能、动能和势能。能量守恒定律的核心为热力学第一定律，即微元体中能量的增加率等于进入微元体的净热量加上体积力和表面力对微元体所做的功[77]。以温度 T 为变量的能量守恒方程为

$$\frac{\partial(\rho T)}{\partial t}+\frac{\partial(\rho u T)}{\partial x}+\frac{\partial(\rho v T)}{\partial y}+\frac{\partial(\rho w T)}{\partial z}=\frac{\partial}{\partial x}\left(\frac{k}{c_p}\frac{\partial T}{\partial x}\right)+\frac{\partial}{\partial y}\left(\frac{k}{c_p}\frac{\partial T}{\partial y}\right)+\frac{\partial}{\partial z}\left(\frac{k}{c_p}\frac{\partial T}{\partial z}\right)+S_T \tag{5-6}$$

式中：T——温度；

k——流体传热系数；

c_p——比热容；

S_T——黏性耗散项。

牛顿流体的湍流本构关系为

$$\tau_{ij}=2\mu S_{ij}-\frac{2}{3}\mu\frac{\partial u_k}{\partial x_k}-\overline{\rho u'_i u'_j} \tag{5-7}$$

其中，$S_{ij}=\frac{1}{2}\left(\frac{\partial u_i}{\partial x_j}+\frac{\partial u_j}{\partial x_i}\right)$。

5.2.2 湍流模型

流体流动的2种基本形态为层流和湍流。与工程实际相对应，一体化预制泵站内部的流动为湍流，叶片泵内部的流动一般也为湍流。目前，湍流数值模拟的方法总体可以分为直接数值模拟和非直接数值模拟2种[78]。

直接数值模拟(DNS)是指直接对瞬时的N-S方程进行计算，对湍流模型不进行任何简化，从理论上来看，DNS可以得到准确的结果[79,80]。直接数值模拟必须采用巨大量级的网格节点数，才能详细地分辨出湍流中的空间结构及瞬态变化的流动特征，故其对计算机的硬件能力要求很高，目前已发表的直接数值模拟研究主要集中在低雷诺数流动或具有简单边界形状的湍流流动。

目前应用较多的非直接数值模拟方法主要有大涡模拟（Large Eddy Simulation，LES）和雷诺平均法（Reynolds Averaged Navier - Stokes，RANS）。

(1) 大涡模拟

大涡模拟是近年来发展迅速的非直接流动模拟方法之一。该方法采用滤波函数将流动结构分为大尺度和小尺度流动结构2种，大尺度流动结构在整个流场中起主导作用，是引发湍流脉动和混合的主要因素，其一般取决于固体边界条件[81]。大尺度流动结构一般采用直接模拟的方法进行求解。小尺度流动结构则通过对大尺度流动结构的影响间接作用于湍流流动，所以在大涡模拟中采用亚格子尺度模型研究小尺度流动结构。与直接数值模拟相比，大涡模拟对网格质量和计算机运行速度的要求较低，目前已被广泛地应用于湍流模拟中，在叶片泵内部流动的数值模拟中也有应用大涡模拟的研究报道[82]。总体来看，受到计算机硬件条件的限制，大涡模拟在流体工程中的应用还不成熟。

（2）雷诺平均法

因为时均化的流动控制方程组不封闭，所以需要根据理论知识、试验数据或经验，引入一些假设的方程使流动控制方程组封闭，这些假设的方程即为湍流模型。根据湍流模型构建的出发点不同，可以将湍流模型分为雷诺应力模型和涡黏性封闭模型 2 类。

① 雷诺应力模型：雷诺应力模型又可以称为二阶矩封闭模式，它在满足 Reynolds 应力方程的基础上，对方程右边的未知项（扩散项、耗散项等）做出了假设，使其成为一个封闭的方程组。由于整个方程组包含 15 个方程，对计算机的运算能力要求较高，因而该模型应用于流体工程的局限性明显。

② 涡黏性封闭模型：该模型根据 Boussinesq 涡黏性假设提出，根据模型方程的个数来分类，涡黏性封闭模型又可分为零方程模型（代数模型）、一方程模型和双方程模型。其中应用最为广泛的是双方程 $k-\varepsilon$ 模型。涡黏性模型是对计算机硬件要求最低的模型，尤其适用于流体工程和流体机械中的流动数值模拟。近年来，该模型在工程湍流问题中得到了广泛的应用。

5.3 双方程 $k-\varepsilon$ 模型

双方程 $k-\varepsilon$ 模型对于工程湍流问题的适应性很强，其中 k 为湍动能，是脉动速度的平方（m^2/s^2）；ε 为湍动能耗散率，是速度脉动耗散的速率（m^2/s^3）。近年来，随着 $k-\varepsilon$ 模型的发展，出现了标准 $k-\varepsilon$ 模型、RNG $k-\varepsilon$ 模型和 Realizable $k-\varepsilon$ 模型。

（1）标准 $k-\varepsilon$ 模型

1972 年，Launder 和 Spalding 基于对湍动能 k 和湍动能耗散率 ε 的研究结果提出了标准 $k-\varepsilon$ 模型[83]。标准 $k-\varepsilon$ 模型形式简单，对算法的适应性强，且其模型计算精度能满足工程应用的需要。然而，该模型仅适用于充分发展的湍流流动，无法真实地反映存在强旋度和明显回流的湍流流动特征。RNG $k-\varepsilon$ 模型和 Realizable $k-\varepsilon$ 模型是对标准 $k-\varepsilon$ 模型的修正和补充。

（2）RNG $k-\varepsilon$ 模型

鉴于标准 $k-\varepsilon$ 模型的各向同性特征，其可能在模拟强旋流或弯曲壁面湍流时出现失真现象。Yakhot 和 Orzag 于 1986 年提出了 RNG $k-\varepsilon$ 模型[84]，该模型在形式上与标准 $k-\varepsilon$ 模型非常相似，但弥补了标准 $k-\varepsilon$ 模型的不足，尤其对于曲面约束的流动和旋转流动具有较强的适用性。随后在 1992 年 Yakhot 和 Smith 对 RNG $k-\varepsilon$ 模型进行了进一步修正[85]。

(3) Realizable $k-\varepsilon$ 模型

在标准 $k-\varepsilon$ 模型中,湍动能耗散率 ε 的输运方程较为粗糙,而且某些情况下无法提供合理的湍流尺度,因此标准 $k-\varepsilon$ 模型对于具有较高的主流剪切率和存在较大曲率壁面情况的流场,往往得不到接近物理真实的结果。针对这一问题,Shih 和 Liou 等在 1995 年提出了 Realizable $k-\varepsilon$ 模型[86]。在当时,Realizable $k-\varepsilon$ 模型是一种新型的高雷诺数湍流模型。

没有任何一个模型能够适应所有的湍流流动,因此必须根据流体是否可压缩、模拟精度、计算机的硬件能力、湍流特征等因素,选择一个合适的湍流模型开展数值模拟。本书研究的是一体化预制泵站流道内的复杂流动问题,泵内的流动复杂,存在强旋度及旋转剪切流等现象,因此本研究拟采用 RNG $k-\varepsilon$ 湍流模型。RNG $k-\varepsilon$ 湍流模型方程如下:

湍动能方程(k 方程):

$$\rho\frac{\mathrm{D}k}{\mathrm{D}t}=\frac{\partial}{\partial x_i}\left[\left(\mu+\frac{\mu_t}{\sigma_k}\right)\frac{\partial k}{\partial x_i}\right]+C_k-\rho\varepsilon \tag{5-8}$$

湍动能耗散率方程(ε 方程):

$$\rho\frac{\mathrm{D}\varepsilon}{\mathrm{D}t}=\frac{\partial}{\partial x_j}\left[\left(\mu+\frac{\mu_t}{\sigma_\varepsilon}\right)\frac{\partial\varepsilon}{\varepsilon x_i}\right]+C_{\varepsilon1}\frac{\varepsilon}{k}G_k-C_{\varepsilon2}^{*}\rho\frac{\varepsilon^2}{k} \tag{5-9}$$

其中,

$$C_{\varepsilon2}^{*}=C_{\varepsilon2}+\frac{C_\mu\eta^3\left(1-\dfrac{\eta}{\eta_0}\right)}{1+\beta\eta^3}$$

输运方程中的常数分别为:$C_\mu=0.0845$,$C_{\varepsilon2}=1.42$,$C_{\varepsilon2}=1.68$,$\sigma_k=0.72$,$\sigma_\varepsilon=0.75$,$\beta=0.012$。

5.4 控制方程的离散方法

流动数值模拟的重要环节之一是控制方程的离散。目前在不可压缩流体的数值模拟中,有限差分法、有限体积法和有限元法是 3 种最为常用的离散方法[87,88]。

(1) 有限元法

有限元法是将一个连续的求解区域任意划分成为多个形状合适的微小单元,并在各个微小单元处分片构建插值函数,再根据极值原理,将流动控制方程转化为单元上的有限元方程,以各个单元的极值之和作为总体的极值。

该方法将局部单元进行总体合成,将指定条件嵌入代数方程组,所以只要对该代数方程组进行求解,就可以得到各个节点上待求函数的值。

有限元法能够较好地适应椭圆类型问题的求解,但该方法的求解速度慢于有限体积法和有限差分法,所以在目前的商用CFD软件中的应用并不广泛。

(2) 有限差分法

有限差分法是数值方法中最为经典的一种方法,它将求解区域划分为差分网格,用有限个数的网格节点替换连续的求解域,再用差商替代偏微分方程(即控制方程)的导数,最后在离散点上推导获得带有有限个未知量的差分方程组。

有限差分法问世较早,发展也较为成熟。该方法在大多数情况下被应用于抛物线和双曲线类型问题的求解。然而,对于边界条件复杂的问题或椭圆类型问题,使用有限元法或有限体积法更加方便。

(3) 有限体积法

有限体积法也被称为控制体积法,是近年来得到迅速发展的一种离散方法。有限体积法的离散过程为:将流动计算域划分成多个相互不重叠的子区域,即计算网格,进而在各个子区域内确定计算节点的位置及该节点所代表的控制体积。有限体积法包含4个要素:① 节点,即待求流动参量的几何位置;② 控制体积,即应用守恒定律或者控制方程的最小几何单位;③ 界面,即与各个节点所对应的控制体积的分界面的位置;④ 网格线,即连接相邻节点的曲线。

5.5 小流量工况下预制泵站内部流场数值模拟

5.5.1 计算域网格划分及网格无关性分析

在一体化预制泵站流道内,复杂的固体壁面是约束流体流动的关键因素,另外,由于叶片泵内部流道复杂且叶轮处于旋转状态,再加上筒体的尺寸有限,因而泵站内的流动状态较为复杂。网格划分是数值模拟的关键步骤,合理的网格是捕捉真实流动物理现象的前提;同时,适当精度的网格才能适应计算机的硬件水平,为工程湍流的数值模拟提供帮助。

本研究选用ICEM CFD商用软件对单筒体一体化预制泵站水力模型进行了网格划分。ICEM CFD软件可以获得高质量的网格。由于单筒体一体化预制泵站包含3台泵,且各个过流部件之间的几何尺寸差异明显,因而采用非结构化网格对计算域进行剖分。筒体进口管道相对于筒体的直径高度较小，为了提高数值模拟的精度及稳定性，在此连接处进行局部网格加密。类似地，在泵出口管道与总出口管道的连接处进行局部网格加密。整个流动计算区域被划分为总进口管道、筒体、泵进口管道、叶轮、蜗壳、泵出口管道和泵站总出口管道等子区域。

网格数量可能会影响到数值模拟结果的物理真实性，所以网格无关性验证是数值模拟的关键步骤。本研究中设计了10套疏密程度不同的网格，对一体化预制泵站的关键部件输送泵的内部流动进行模拟，并对比了数值模拟结果，如图5.1所示。

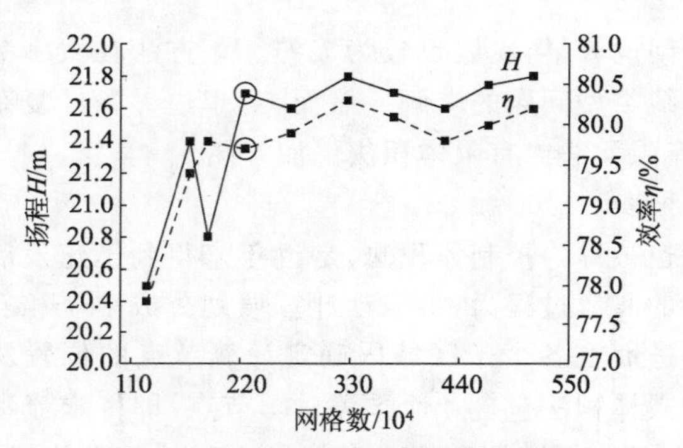

图5.1　输送泵性能随网格数的变化

由图5.1可以看出，当网格数量增加到200万以上后，泵的扬程和效率的误差均在1%以内，说明此后网格数量对计算结果的敏感度降低，此时认为圆圈所指向点开始达到网格无关解的要求。考虑到计算的经济性，最终选择的各个计算域的网格数如表5.1所示。

表5.1　单筒体一体化预制泵站计算域的网格数

计算域	进口段	筒体	单个蜗壳	单个叶轮	出口段
网格数	378 505	3 081 985	1 296 473	962 562	1 827 658

各计算区域的网格如图5.2所示。

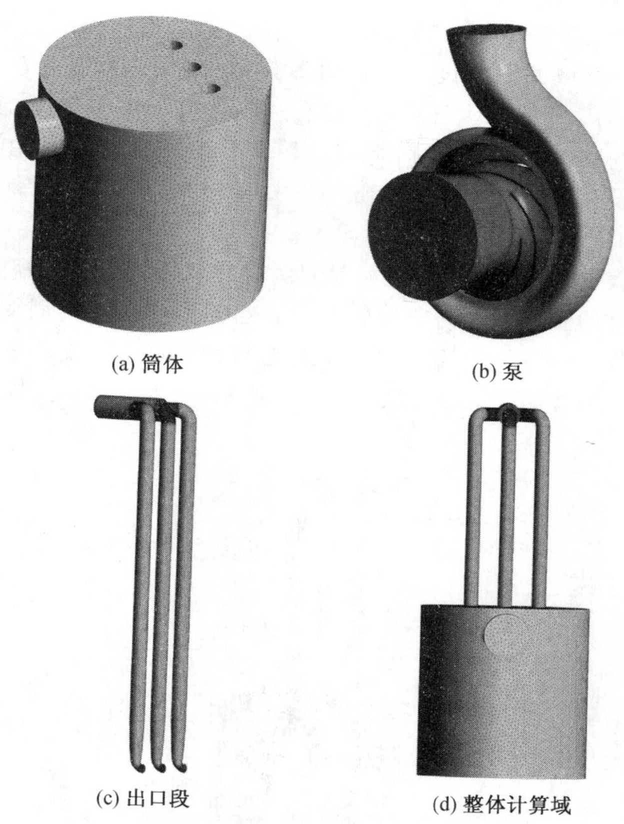

图 5.2 单筒体一体化预制泵站计算域网格

5.5.2 边界条件设置及收敛判据

在计算区域中,将叶轮对应的计算区域设置为旋转域,将筒体、蜗壳、进出口管路对应的计算区域均设置为固定域。采用冻结转子(Frozen Rotor)模式处理旋转叶轮与蜗壳水体的交界面。因为不考虑泵的启停与液位的变化,所以本研究中采用定常计算方法对一体化预制泵站内部流动进行模拟。

(1) 进口边界条件

将一体化预制泵站的进口设置在筒体侧面,入流方向沿着圆柱筒体的径向方向。设置速度进口边界条件,速度的大小由一体化预制泵站的进口流量和进口面积计算得出,即 $v=\frac{q}{\pi r^2}$,计算获得的进口速度大小为 0.35 m/s。同时，在筒体内设置初始液面高度。

(2) 出口边界条件

在整个计算域的出口设置出口边界条件，出口边界采用静压强边界条件，设定压强为1个标准大气压，且保持不变；在出口处，将流体流动方向设置为与出口面的法线平行，且指向下游。在单泵与两泵运行时，在不工作的泵的出口管路设置止回边界条件。

(3) 壁面条件

将叶片表面和叶轮的前后盖板设置为旋转壁面，将筒体、蜗壳、进出口管道及其他部件的表面设置为非旋转壁面。在与流体接触的固壁处均采用无滑移边界条件，并采用标准壁面函数处理近壁面区域内的流动[76]。

设置边界条件的泵站计算域如图5.3所示。

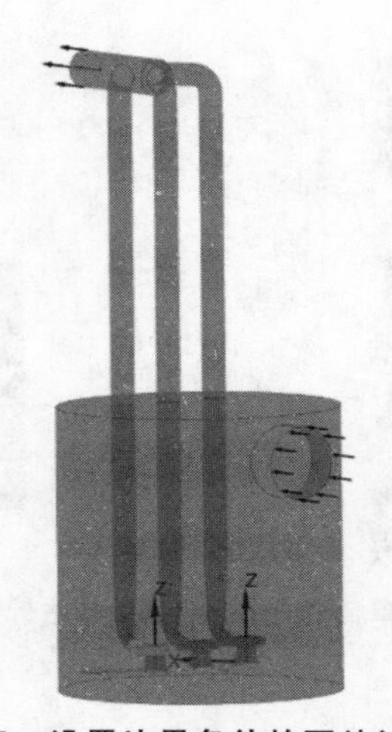

图5.3 设置边界条件的泵站计算域

5.5.3 单筒体泵站计算结果与分析

(1) 流量分析

对于同一筒体内布置3台泵的预制泵站，其在实际运行过程中，将随着泵站液位的增加而依次开启各台泵，同时泵站出流的流量相应增大。在数值模拟中，对单泵运行、两泵运行和三泵同时运行的方案均进行了数值模拟。结果表明：单泵运行时的流量为321 m^3/h，与泵的设计流量近似相等；两泵同时运行时其流量分别为320 m^3/h和319 m^3/h，两泵之间的流量差距较小，且与设计流量基本一致；3台泵同时运行时的流量分别为322，320，320 m^3/h，各泵流量基本一致，且均运行在泵的高效范围内。从3种运行方案来看，本研究中设计的小流量预制泵站中各泵的流量分配较为均匀，泵之间不存在抢水或相互干扰现象。

(2) 内部流动分析

在单泵运行、两泵运行和三泵同时运行的3种方案的数值模拟结果中，提取了泵内全流道的静压分布，如图5.4所示。由于数值模拟中未考虑空化模型，因而所显示的压强值均为相对值，可以将泵进口的压强值作为参考进行其他流场位置压力值的计算。

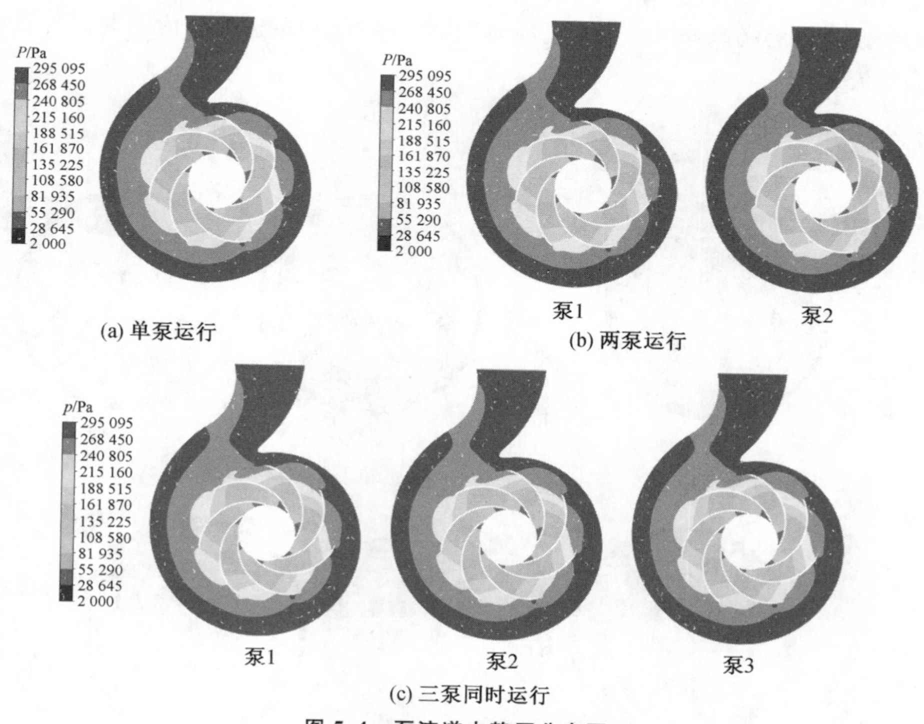

(a) 单泵运行　(b) 两泵运行　(c) 三泵同时运行

图5.4　泵流道内静压分布图

从图5.4中可以看出，由于叶轮叶片对介质做功和蜗壳流道内的能量转化，压强自泵进口到出口逐渐升高。在3种泵站运行方案下，叶轮流道内的压强自叶轮进口至出口逐渐升高，压强分布的规律性强。由于叶轮与蜗壳之间的动静干涉作用，叶轮出口附近的压强分布不均匀。同时，在两泵运行和三泵运行时，各泵内的压强变化趋势和分布状态基本一致，说明各泵运行基本独立，相互干扰程度轻。相对于单泵与三泵运行，两泵运行时泵流道内静压强最小。

泵进口的流态是反映筒体内流动状态的重要依据,同时也是评估筒底发生沉积现象的可能性的重要参照。图 5.5 所示为单泵运行、两泵运行和三泵同时运行时泵进口喇叭管处的速度分布,可以看出,3 种运行方案下泵进口处的速度分布都不均匀,大部分区域的速度值都在 2 m/s 以上,且最大速度值并不出现在进口管的中心位置。对比 3 种工况可以发现,泵进口流动的速度分布存在一定的差异,单泵运行时断面上的高速环形区域最为明显;两泵运行时,断面上也存在高速环形区域,与单泵运行的结果相似;然而,在三泵同时运行时,泵进口的流速值较小,且趋于均匀化。由此看出,泵的运行数量直接影响泵进口的流速分布。为避免筒体底部出现沉积,泵进口管内需要保持较高的流速。

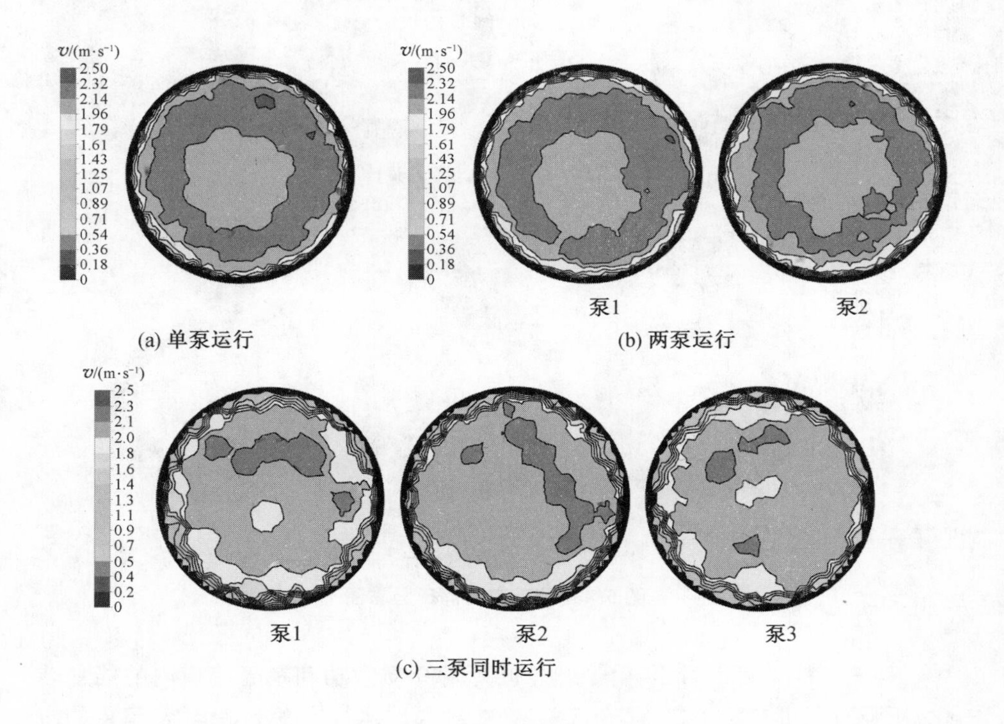

图 5.5 泵入口处速度分布

图 5.6 所示为单泵运行、两泵运行和三泵同时运行时泵进口管处的总压强分布,可以看出,相对于图 5.5 所示的速度分布,总压强的分布较为规则。

在3种运行方案下，总压强分布的趋势相同，断面中间总压强高，靠近管壁总压强低。在单泵运行和两泵运行时，总压强沿半径方向逐渐减小。在三泵同时运行时，总压强高的分布区域较单泵运行和两泵运行时向管壁延伸，从而造成在管壁处出现较高的总压强变化梯度。

整体来看，单泵运行和两泵运行时，泵进口管内的流速和总压强分布接近，泵之间无明显差异，说明泵工作稳定。在三泵同时运行时，尽管3台泵之间的参数分布并无明显差异，但相对于单泵或两泵运行，泵的运行可能会偏离泵的最优工况，导致能耗上升。

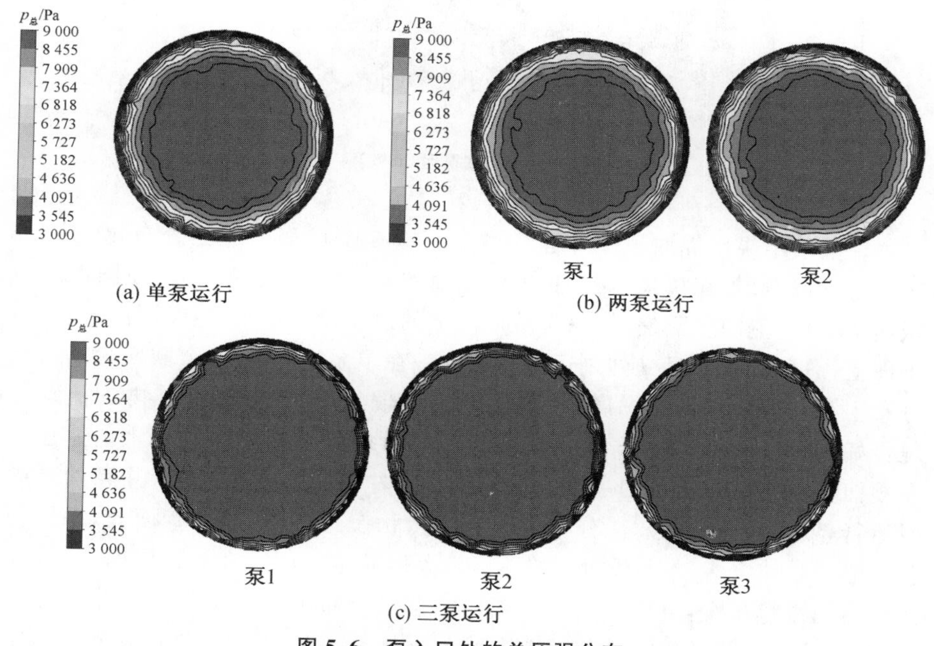

图5.6　泵入口处的总压强分布

为进一步分析筒体内的流动状态，在筒体内取3个水平截面，分别取在泵进口管、垂直于泵轴的泵中间截面、泵出口扩散管截面，如图5.7所示。借助该3个截面的流动状态，对筒体内的流动进行描述，重点对由于泵的抽吸和筒体壁面的影响而导致的大尺度流动结构进行解释。

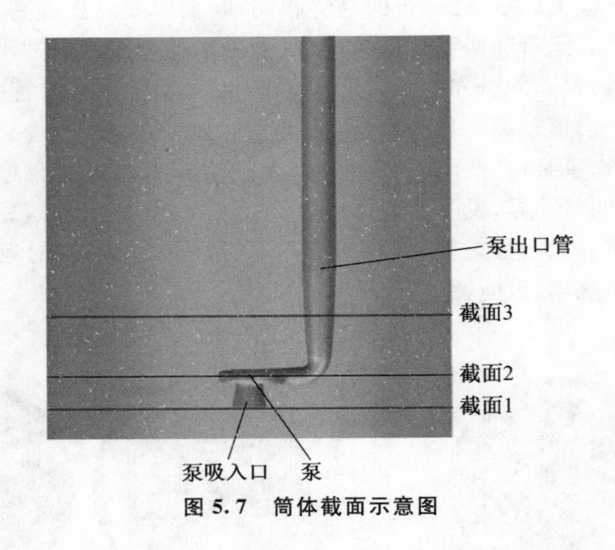

图 5.7 筒体截面示意图

在数值结果中提取了 3 种运行方案下该 3 个截面的总压分布，如图 5.8 所示。可以看出，在单泵运行时，3 个截面的总压分布规律相似，在图中所示截面中，自右侧向左侧递增；只有截面 1 上的总压最大值出现在叶轮对应的投影面上，总压分布明显受到泵运行的影响。在单泵运行时，3 个截面上的总压分布不存在局部突出的梯度，截面上的总压较为均匀，表明筒体内的流动状况良好，并未产生泵运行导致的明显扰动。两泵运行时，3 个截面上的总压分布规律基本与单泵运行时一致，只是由于筒内流量较单泵时大，并且两泵同时运行，致使截面上的总压分布出现不均匀状态，尤其在筒体壁面处，总压变化明显。总体来看，3 个截面上的总压最大值基本相同。在三泵同时运行时，筒体内的流量最大，可以看出 3 个截面的总压分布出现局部集中和非对称状态；受叶轮旋转扰动最强的截面 1 上的总压分布最不均匀，泵进口处出现总压最大值；在截面 2 和截面 3 上，左右两侧的总压分布不对称，预示着大尺度流动现象；结合截面 3 上的总压分布，可以看出三泵同时运行导致筒体内的整体流动状态不均匀。

由以上分析可以得出，对于单筒体一体化预制泵站，单泵运行和两泵运行时，筒体内的总压分布较为均匀，并不存在局部过高的压力梯度，筒体内的流动较稳定，但是在三泵同时运行时，筒体内的流动受到的干扰加剧，筒体内出现非对称总压分布，流动受到 3 台泵同时运行的影响，这也进一步说明泵的运行数量及筒体内流量增加将提升流动研究的复杂程度。

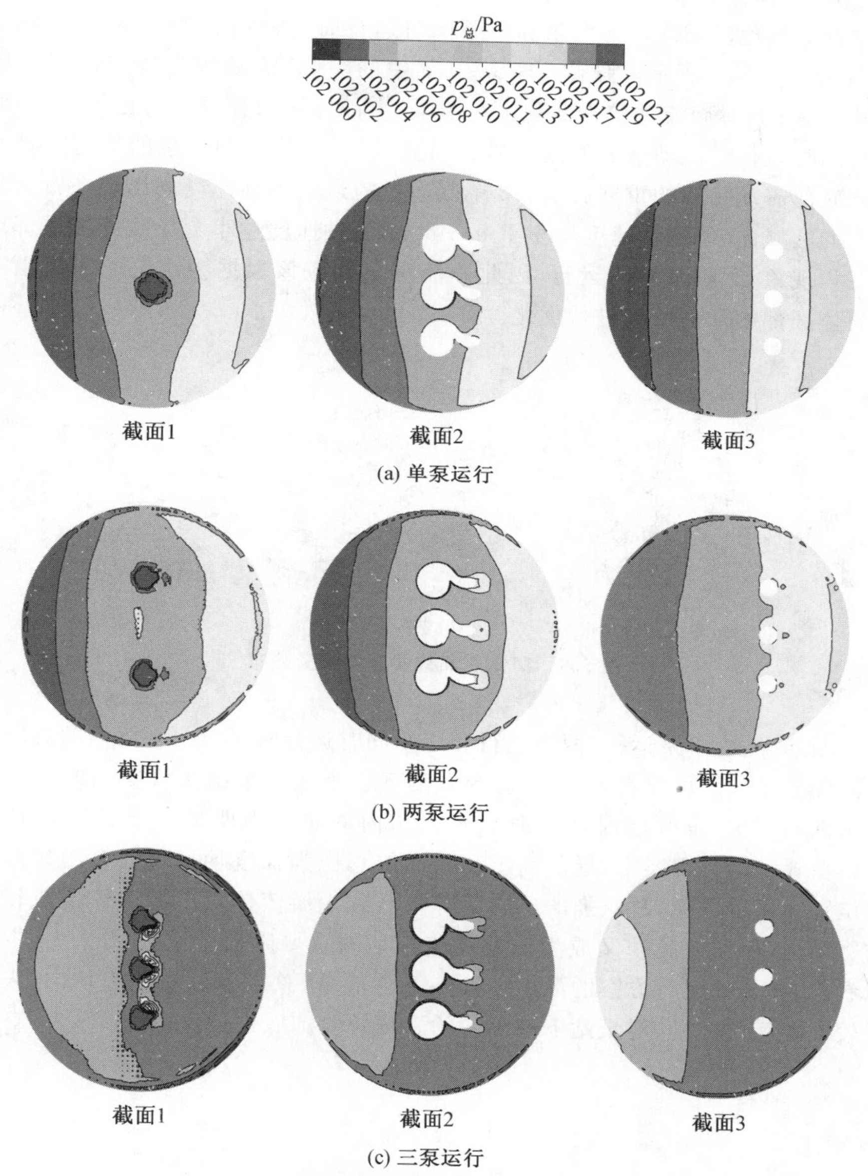

(a) 单泵运行

(b) 两泵运行

(c) 三泵运行

图 5.8 筒体水平截面上的总压强分布

为详细描述泵吸入口处的流动状态，在图 5.9 中表示出了单泵运行、两泵运行和三泵同时运行时对应的筒体底部速度矢量分布。可以看出，在 3 种运行方案下，筒体底部均存在着沿筒体内壁的流动矢量，且附壁流动的速度较筒体内的其他区域高。在两泵和三泵同时运行时，筒体底部流动存在强弱之分，如图 5.9b，c 所示。强侧（图 5.9b，c 中的左侧）流动较为规律，弱侧（图 5.9b，c 中的右侧）流动较为混乱。在单泵运行时，流动强弱的对比不明显；而三泵同时运行时流动强弱的区分最为明显，这一趋势证明了泵的运行数量对筒体底部流动状态的重要影响。3 个截面上的最大流动速度均出现在输送泵覆盖的区域内，但流动速度均小于 0.3 m/s，流动速度过小会导致筒体底部产生沉积现象，影响泵站的运行，因此小流量泵站应该根据输送泵的布置情况对筒体底部的几何结构进行优化。

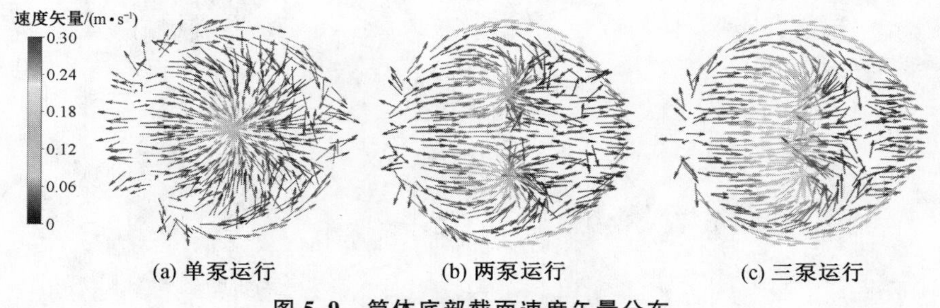

(a) 单泵运行　(b) 两泵运行　(c) 三泵运行

图 5.9　筒体底部截面速度矢量分布

图 5.10 为单泵运行、两泵运行和三泵同时运行时泵出水管路内的总压强的沿程分布图。可以看出，3 种运行方案下各个输送泵出水管路内的总压强分布都不均匀，三泵同时运行时出水管路内的总压强明显高于其他两种方案。在 3 种运行方案下，局部高压和较高的总压强梯度均出现在泵出口弯管的位置。可以预见，总压强的急剧下降将导致上游流体对下游流体形成较高的驱动力，但压力波动又成为诱发管路振动的重要因素[89]。从图 5.10 中可以看出，在 3 种运行方案的泵出水管路下游部分，总压强分布较为均匀，未出现较大幅度的波动，对泵站下游设备的影响较弱。

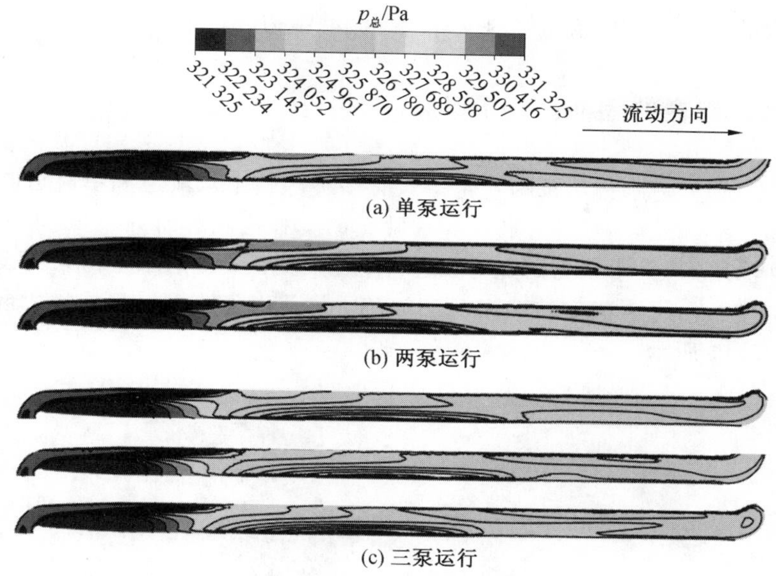

(a) 单泵运行

(b) 两泵运行

(c) 三泵运行

图 5.10　泵出水管路内的总压强分布

本研究应用 ICEM CFD 软件对小流量单筒体预制泵站的水体域模型进行了网格划分，并进行了网格无关性验证；选用 RNG $k-\varepsilon$ 湍流模型，对预制泵站内的三维定常流场进行了数值模拟，分别讨论了单泵运行、两泵运行和三泵同时运行方案下预制泵站内部的流动状况；对 3 种方案各输送泵内的压强分布、泵入口总压分布、筒体内不同水平截面上的总压强分布、筒体底部的速度分布、泵站出口管道内的总压强分布等进行了具体分析与比较，结果表明：

① 根据各泵的流量分配，在两泵运行或三泵同时运行时，各泵的流量基本一致，泵与泵之间不存在明显的抢水或相互干扰现象。

② 在不同运行方案下，泵内全流道内的静压强分布不存在明显差异；同时运行的各泵之间不存在明显的区别，两泵运行时泵内全流道内的静压强最小。

③ 三泵同时运行时，各泵入口处的压强和速度分布与单泵运行时存在差别，导致泵的运行在一定程度上偏离其运行高效区。

④ 三泵同时运行时，筒体内部存在着明显的流动参数分布不均匀现象，说明多泵同时运行影响预制泵站运行的稳定性。

⑤ 从筒底的流动速度分布来看，泵的抽吸对筒内的流动参数分布有着重

要的影响，多泵运行时筒底截面的流动均匀性变差，且出现了沿筒壁方向的流动，泵的运行直接导致筒体内出现三维流动结构。

5.6 泵内的固液两相流动

如上所述，潜水排污泵的叶轮型式有多种。其中双流道和单流道叶轮应用较为广泛，相比较，双叶片和单叶片叶轮的工程应用和研究较少，本书即以双流道与双叶片污水泵为研究对象进行对比研究。2 台潜水排污泵的设计流量为 Q=100 m^3/h，额定转速为 2 840 r/min，设计扬程 H=11 m。2 台泵叶轮如图 5.11 所示。

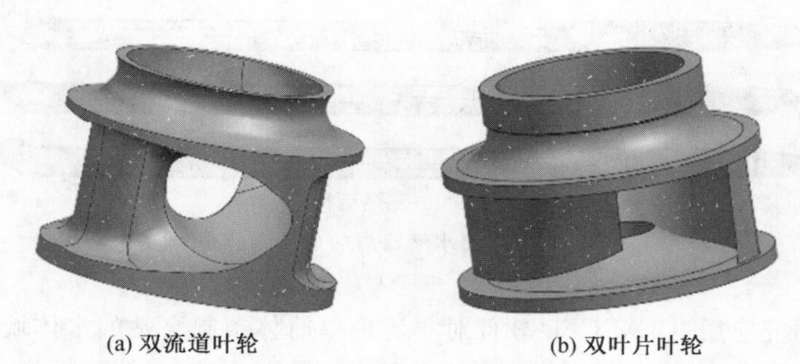

(a) 双流道叶轮　　(b) 双叶片叶轮

图 5.11　2 种泵叶轮

分别对 2 台污水泵在 3 种流量工况 0.8Q，1.0Q，1.2Q 下的流动进行数值模拟。根据计算域进口截面的平均速度与体积流量的关系，在计算域的进口设置速度进口边界条件，在 3 种流量工况下，双流道叶轮泵的进口速度值分别设为 3.57，4.46，5.35 m/s；双叶片叶轮泵的进口速度值分别设为 4.42，5.53，6.63 m/s。在计算域的出口设置压力出口边界条件，其值为 101 325 Pa。在所有与被输送介质接触的壁面处设置无滑移边界条件，近壁区的流动采用壁面函数法进行处理。

结合潜水排污泵的实际应用，通过能力是评价该类泵性能的最关键指标。从另一角度来看，通过能力差还会引起泵流道的堵塞和泵的振动。此处，基于 2 台潜水排污泵在 3 种体积流量下的固液两相流动数值模拟结果，对两泵的通过能力进行对比分析。

5.6.1 叶轮内的速度分布

叶轮的几何形状在很大程度上决定了泵的内部流动状态，潜水排污泵的通过能力与其内部流动状态密切相关。所以在输送固液两相流体的工况下，分析 2 台泵叶轮内的相对流动速度分布，对于比较 2 台泵的通过能力具有重要意义。

图 5.12 为输送固液两相流体的状态下，固相颗粒在垂直于泵轴的中心截面上的相对流动速度矢量图。左侧为双流道污水泵的叶轮，右侧为双叶片污水泵的叶轮。两泵的体积流量一一对应。可以看出，2 台泵内的速度分布在叶轮眼部位存在明显差别，双流道污水泵在叶轮进口附近存在一个大尺度漩涡，随着体积流量的增加，漩涡中心的强度逐渐增强。该大尺度漩涡是双流道污水泵的流场中特有的流动结构。由于双流道污水泵的叶轮进口处存在大尺度漩涡，该处产生较大的吸力，介质中含有的固体颗粒在漩涡的作用下，被吸入污水泵的叶轮中，后经蜗壳流出。与双叶片污水泵相比，双流道污水泵有较好的通过性能。

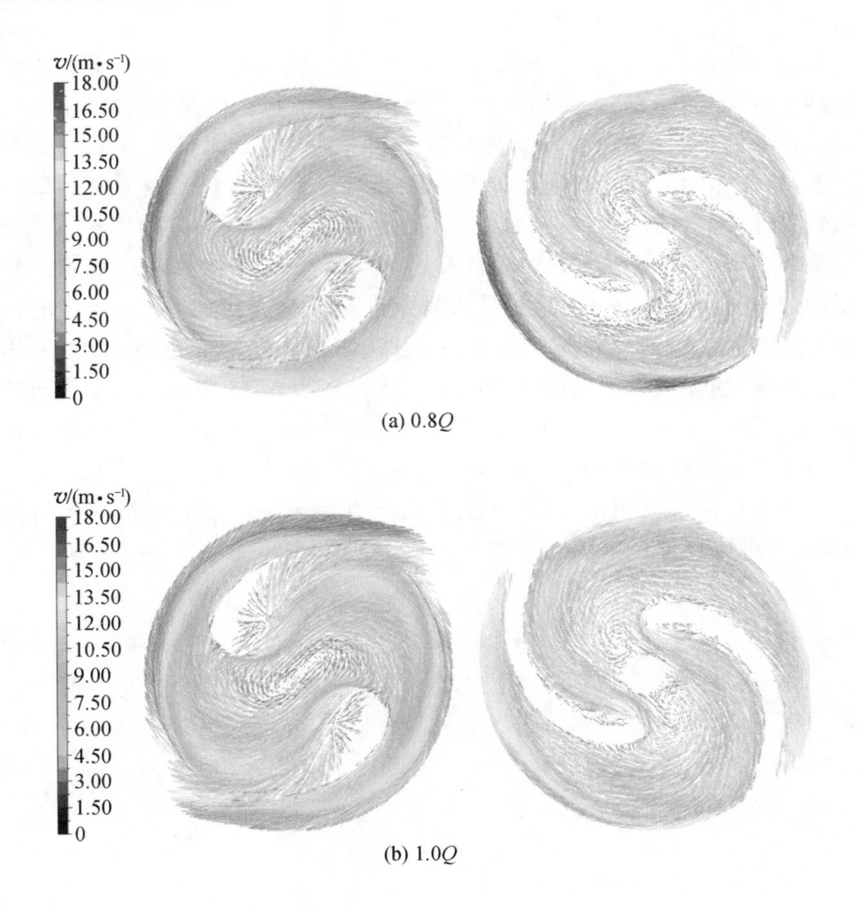

(a) 0.8Q

(b) 1.0Q

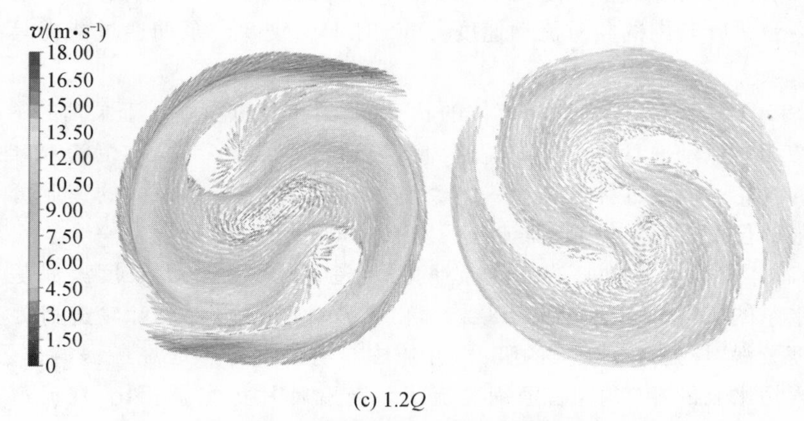

(c) 1.2Q

图 5.12　泵叶轮流道内固相颗粒的速度矢量分布

当固液两相介质被吸入双流道或双叶片叶轮后，由于叶轮一直处于旋转状态，可以预测固体颗粒不易在叶轮流道内发生沉积。但是，2 台污水泵的蜗壳为静止部件，若固相颗粒在蜗壳内发生沉积现象，则同样会导致整台泵发生堵塞，继而影响污水泵的通过能力。此处对 2 台泵的蜗壳壁面附近的固相体积分数进行分析，以衡量 2 台泵的通过能力。图 5.13 为 3 种体积流量条件下，2 台泵的蜗壳壁面附近的固相体积分数分布。固体颗粒在 2 台泵的蜗壳壁面附近的分布规律基本相似，即从蜗壳进口至蜗壳出口，固相颗粒的体积分数逐渐增大。因为蜗壳是静止部件，当固体颗粒在蜗壳内运动时，从蜗壳进口至出口，固体颗粒的速度逐渐减小。所以在图 5.13 中显示从蜗壳进口至蜗壳出口，固体颗粒的体积分数逐渐增大。在相同体积流量下，双流道污水泵的蜗壳壁面附近的固相体积分数小于双叶片污水泵蜗壳壁面附近的对应值。与双叶片污水泵相比，固体颗粒在双流道污水泵的蜗壳中沉积的可能性较小，因而可以保证良好的通过能力。

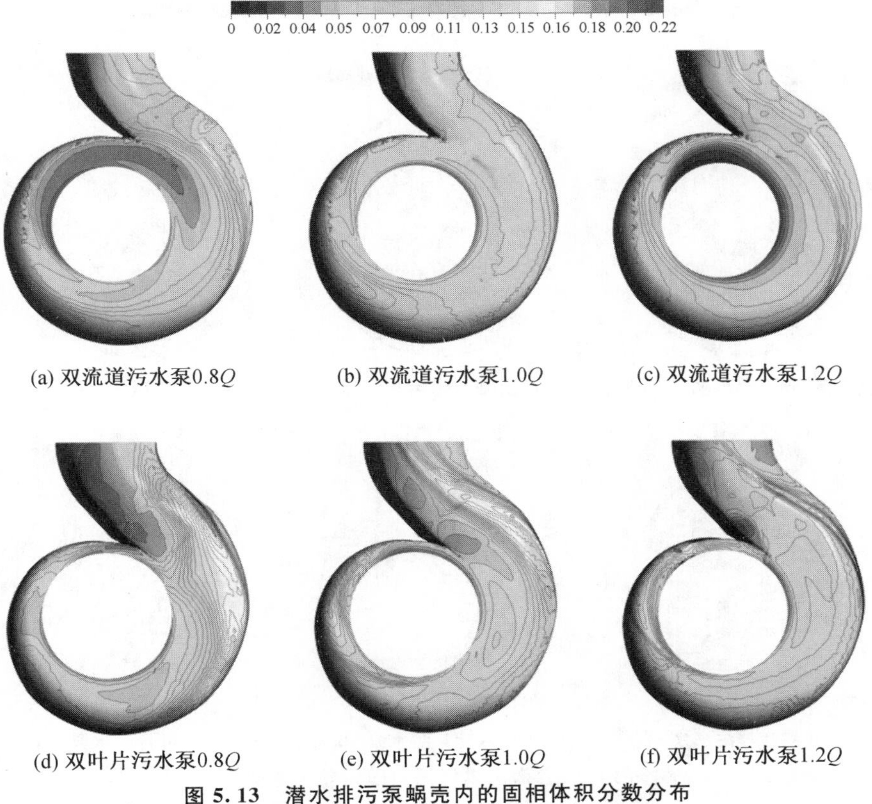

(a) 双流道污水泵0.8Q　(b) 双流道污水泵1.0Q　(c) 双流道污水泵1.2Q

(d) 双叶片污水泵0.8Q　(e) 双叶片污水泵1.0Q　(f) 双叶片污水泵1.2Q

图 5.13　潜水排污泵蜗壳内的固相体积分数分布

5.6.2　固相颗粒速度分布

输送固液两相流体时，固相颗粒在泵内沉积处的速度必然是最低的甚至出现速度为 0 的现象。对比 2 台潜水排污泵中固相颗粒的速度分布状况，可以间接评价潜水排污泵的通过性能。图 5.14 为 2 台潜水排污泵在垂直于泵轴的中截面上的固相颗粒速度分布图。图中显示的速度为相对速度。固相颗粒在潜水排污泵内的速度分布规律与液体在潜水排污泵内的速度分布规律相同，即从叶轮进口至叶轮出口，速度逐渐增大；从叶轮出口至蜗壳出口，速度逐渐减小。比较 2 台潜水排污泵在相同体积流量下的固相颗粒速度矢量图发现，双流道污水泵内的固相颗粒速度明显高于双叶片污水泵内的固相颗粒速度。因而固相颗粒在双流道污水泵内发生沉积现象的可能性较小，这从另一个侧面证实了双流道污水泵较强的通过能力。

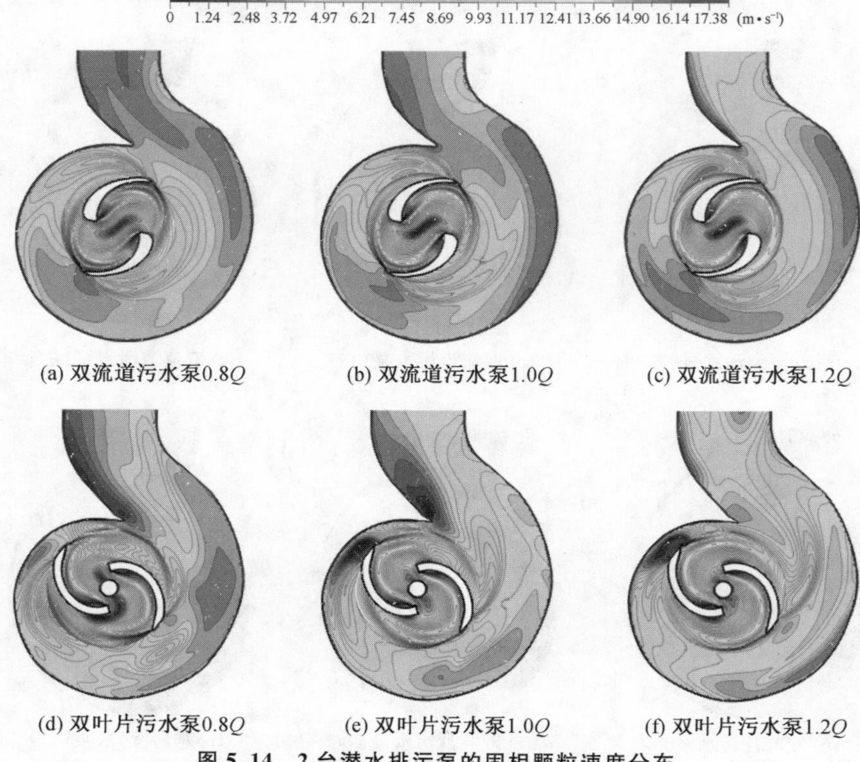

(a) 双流道污水泵0.8*Q*　(b) 双流道污水泵1.0*Q*　(c) 双流道污水泵1.2*Q*

(d) 双叶片污水泵0.8*Q*　(e) 双叶片污水泵1.0*Q*　(f) 双叶片污水泵1.2*Q*

图 5.14　2 台潜水排污泵的固相颗粒速度分布

综上分析，在相同流量工况下，双流道污水泵的扬程和效率均小于双叶片污水泵的扬程和效率。但是 2 台泵内的静压强和速度分布规律相似。随着体积流量的增大，2 台潜水排污泵内的静压强均逐渐增大，叶轮出口的高速区扩大，形成环状的高速条带。双流道叶轮的叶轮眼部位存在一个大尺度漩涡，随着体积流量的增加，漩涡的形状基本不变，漩涡中心的强度逐渐增强。固体颗粒在漩涡的作用下，容易被吸入叶轮流道内。该漩涡提高了双流道污水泵的通过能力。在相同体积流量下，双流道污水泵的蜗壳上的固相颗粒体积分数较双叶片污水泵小；同时，双流道污水泵内的固体颗粒速度明显高于双叶片污水泵内的对应值。固体颗粒在双流道污水泵内具有速度高、分布分散的特点，证实了双流道污水泵较强的通过能力。

6 预制泵站内的固液两相流动

一体化预制泵站是一种全新的泵站类型，突破了传统泵站在安装、结构和维护方面的制约，在海绵城市的建设和水处理工程中得到了成功应用[90]。一体化预制泵站由筒体、泵、管道及辅件组成，是一个复杂的流动系统。在应用于雨水和其他含有固体颗粒物的介质输送时，泵站内部的固液两相流动非常复杂。一方面，两相流体受限于预制泵站筒体内的狭小空间，由于复杂固体边界的影响而呈现三维流动特征；另一方面，输送泵的抽吸作用成为驱动介质在筒体内运动的主要动力，由于泵叶轮的旋转，使得接近泵入口的上游流动带有旋转速度分量，提高了局部流动的复杂程度。

由于一体化预制泵站在安装时整体埋入地下，因而一旦出现固体在筒体底部沉积，清理工作的难度很大。固体物质在筒体底部的沉积还会影响输送泵的吸入性能，甚至导致泵入口出现堵塞，从而影响整个系统的运行稳定性。预制泵站结构独特，难以通过流动可视化方法获得筒体内的固液两相流动特征[91]。计算流体动力学(CFD)技术可以很好地描述各类复杂流动[92,93]。Amir Hossein Azimi 等[94]采用商用 CFD 软件 ANSYS CFX 中的 Particle 模型成功地模拟了固液两相射流。Gandhi 等[95]基于模拟结果分析了固液两相流属性对离心式渣浆泵性能的影响，发现颗粒浓度和颗粒尺寸均影响泵的扬程和效率。Cheng 等[96]采用数值模拟研究了固相参数对熔盐泵内固液两相流动的影响，获得的模拟结果与实验结果基本吻合。这些研究证明了数值模拟可以实现工程中的固液两相流动求解。在传统泵站内部流动的研究中，数值模拟同样发挥着重要作用。Lu L. G.[97]通过数值模拟揭示了 6 种不同类型的泵站抽吸箱内部的流动规律，并提出了优化设计的方案。Cong G 等[98]借助模拟结果，分析了 3 种不同水位和 3 种泵运行方式下的泵站内的流动结构和涡流特性，还基于此提出了 3 种涡流抑制装置。Desmukh T. S. 等[99]专门对泵站进水口处的流动进行了分析，发现局部几何形状对泵站内部的流动状态影响很大。

目前关于预制泵站内部流动的研究鲜见报道。需要特别指出的是,对于单个输送泵内部流动的研究不能反映整个预制泵站的性能。揭示预制泵站内部流动规律以对整个泵站流道内的流动进行分析为前提,并且需要关注相邻过流部件之间的流动关联性。对于预制泵站内部的固液两相流动,还需要重点分析固相物质在整个泵站内的输运过程。

本书的研究重点在于预制泵站筒体内的固相输送问题,尤其关注筒体底部的固相沉积现象,并提出通过优化筒体底部的几何形状来抑制固相物质沉积的方案,通过改变筒底的形状获得了5种筒体方案。书中将对整个预制泵站内的流动进行系统分析。借助 ANSYS CFX 商用 CFD 软件对5种筒底方案的预制泵站内部流动进行数值模拟,评价输送泵的性能,获取固相浓度和速度分布及筒体内的流动状态,对比分析和评价5种预制泵站的固液两相流体输送性能。研究结论将从机理上解释预制泵站内的固相沉积现象,为预制泵站的优化设计和稳定运行提供参照。

6.1 一体化预制泵站内部固液两相流动特征

图6.1所示为典型的一体化预制泵站。筒体材料为玻璃钢(FRP)。筒体内安装一台潜水混流泵,在泵站运行过程中,自动控制系统根据筒内液位的变化启动或者关闭输送泵。筒体尺寸受到运输条件的限制,一般高度不超过12 m。从图6.1b可以看出,介质进入筒体后,受到筒体内壁和输送泵壁面的双重约束作用,流动状态呈现复杂的空间特征。泵的吸入口在其下侧,接近筒体底部,所以介质在进入输送泵前将经历被动吸入的过程,流动方向发生剧烈变化,且在被泵吸入的过程中产生速度的旋转分量。

图6.2所示为固液两相介质进入筒体内的流动示意图。筒体的进口正对输送泵的出口管,介质流入受到泵出口管的阻碍作用,因此筒体内周向的固相浓度分布不均匀。部分体积较小的固相颗粒由于受到液体浮力及泵对筒体内流体的扰动作用,分散悬浮于筒体内。体积较大的固相颗粒由于受到的重力大于浮力,将逐渐向下沉降,并通过泵的抽吸作用经泵出口管排出筒体。由于介质在筒体的狭小空间内受到壁面的强烈约束,流动状态呈现复杂的空间特征,可能会直接影响到泵站的工作性能及排放能力。本书将从筒体底部形状出发,分析筒体内的固液两相流动特征,进而寻求最优的防固相沉积筒底设计,同时考虑筒体内的复杂流动引起的能量损失。

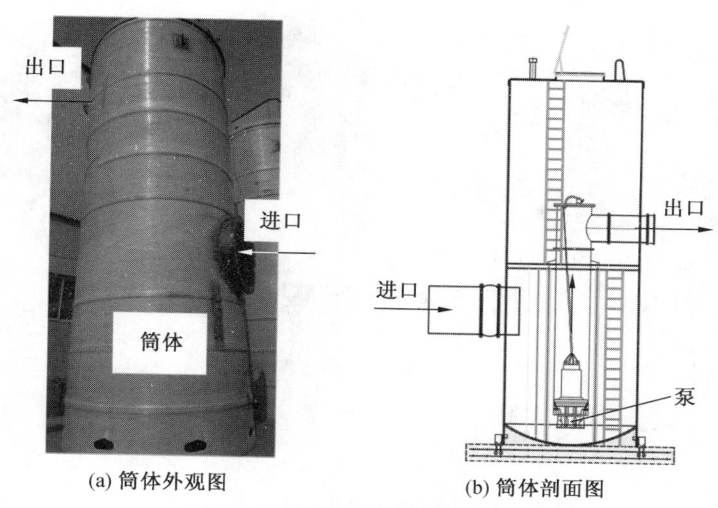

(a) 筒体外观图　　(b) 筒体剖面图

图 6.1　典型的一体化预制泵站

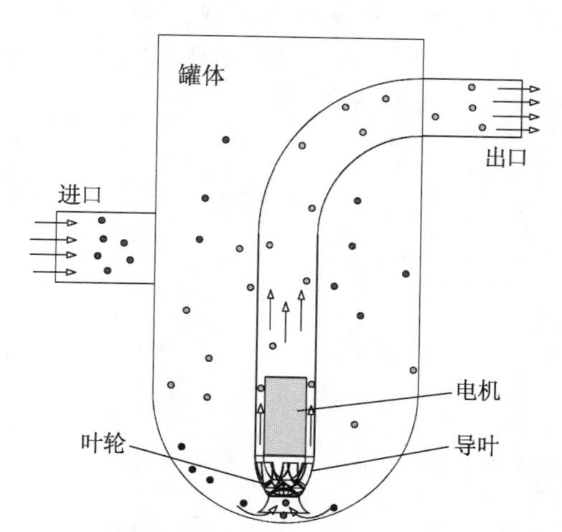

图 6.2　筒体内的固相颗粒迁移与分布示意图

为了避免筒体底部介质过多残留，通常将筒体底部形状设计为弧形或者梯形。本书针对弧形筒底，设计了 5 种不同弧度的几何形状，筒体直径 D 为4 m，保持不变，L 为弧形筒底的高度，D/L 分别为 2，3，4，5 和 6，如图 6.3 所示。采用的混流式输送泵的设计参数为：流量 $Q=3\ 654\ \mathrm{m^3/h}$，扬程 $H=8\ \mathrm{m}$，转速 $n=740\ \mathrm{r/min}$。混流泵安装于筒体中心位置，泵进口距筒体底部 100 mm。

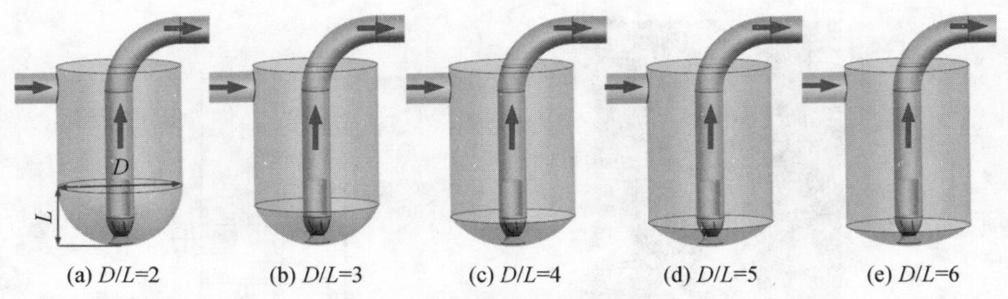

图 6.3　5 种筒体底部几何形状

6.2　数值模拟方案

6.2.1　控制方程与湍流模型

考虑到预制泵站内输送泵的运行环境，假设泵站中的流动为三维定常流动，介质不可压缩，流动遵循宏观流动的 Reynolds Averaged Navier - Stokes (RANS)方程[100−102]。不考虑泵站中固相和液相之间的热传递等因素造成的能量交换，因此忽略流动的能量方程。

连续性方程：

$$\frac{\partial}{\partial t}(\rho_\alpha r_\alpha)+\nabla(\rho_\alpha r_\alpha \boldsymbol{u}_\alpha)=0 \tag{6-1}$$

动量方程：

$$\frac{\partial}{\partial t}(\rho_\alpha r_\alpha \boldsymbol{u}_\alpha)+\nabla(r_\alpha \rho_\alpha \boldsymbol{u}_\alpha \boldsymbol{u}_\alpha)=\nabla[\mu_\alpha(\nabla \boldsymbol{u}_\alpha+\nabla \boldsymbol{u}_\alpha^{\mathrm{T}})]+r_\alpha(B-\nabla \rho_\alpha)+\sum_{\beta=1}^{N_p} c_{\alpha\beta}(\boldsymbol{u}_\beta-\boldsymbol{u}_\alpha) \tag{6-2}$$

式中：r_α——α 相的体积分数；

ρ_α——α 相的密度；

$\boldsymbol{u}_\alpha$——α 相的速度；

$\boldsymbol{u}_\beta$——β 相的速度；

μ_α——α 相的剪切黏性系数。

湍流模型采用 SST k - ω 湍流模型，使 RANS 流动控制方程组封闭[103−105]。SST k - ω 湍流模型结合了 k - ε 和 k - ω 模型的优点，能够精确预测预制泵站内部的复杂流动特征[106,107]。多相流模型采用欧拉-欧拉多相流模型中的 Particle 模型，Particle 模型假设其中一相为连续介质，另一相为离散相，该模型符合预制泵站内的固液两相流动规律。每一相都有各自的流动参数，通过相间的动量和质量传输模型耦合，各相体积率之和等于1。由于固相颗粒运动对连续相的影响占主导作用，因此采用非均相模型[94]。连续相和离散相之间的相互作用力（曳力、升力等）可以通过相间速度差、连续相属性及相界面面积计算得到[108]。根据本书研究的固相体积分数，可以认为介质流动为密相固液两相流，因此相间拖曳力的描述采用结合了 Wen－Yu 模型和 Erguns 模型的 Gidaspow Drag 模型[109－111]。

6.2.2 边界条件

根据预制泵站实际运行工况设置数值模拟的边界条件。泵站进口设置为质量流量进口，出口设置为压力出口，质量流量由固相和液相密度及体积分数计算得到。假设5种筒体中存在相同的初始水位，且考虑重力效应。固相颗粒采用密度为2 300 kg/m^3 的沙粒，平均直径为0.5 mm，进口体积分数为5%。叶轮叶片的壁面粗糙度为0.025 mm，其他壁面为0.2 mm，与实际情况一致。固相颗粒采用自由滑移壁面边界条件，液相采用无滑移壁面边界条件[112,113]。

6.2.3 网格无关性验证

预制泵站中各过流部件尺寸相差较大，且叶轮及导叶等部件的几何形状复杂，故采用四面体非结构网格进行空间离散。泵站计算域包含不同的子域，如筒体、叶轮、导叶、出水管等，采用 ICEM CFD 网格划分软件对各个子域进行网格划分。为提高计算精度及稳定性，在各子域连接处进行局部网格加密，并对近壁区域的网格进行细化。

为了避免网格数对计算结果造成影响，选取一种筒底结构（$D/L=2$）方案对应的计算域，构造了5组网格，网格数从 3.2×10^6 到 9.1×10^6 不等。对5组网格方案在相同模拟设置条件下进行模拟，并在叶片吸力面上取10个点监测各点的固相浓度。图6.4所示为叶片吸力面上固相浓度随网格数的变化曲线。从图中可以看出，5种网格条件下各监测点上的固相浓度整体均呈现递减趋势，而且两端监测点的固相浓度对网格变化不敏感。中间段监测点上固相浓度随着网格数的增多逐渐升高，当网格数增加到 7.7×10^6 以上时，固相浓度变化较小，相邻两个网格数方案的计算结果的最大偏差小于2.28%。

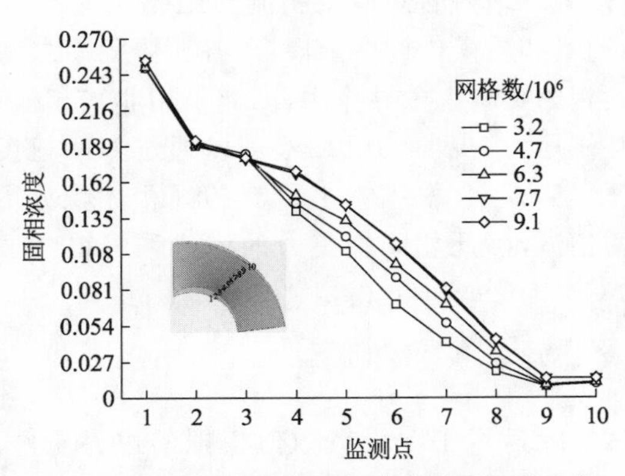

图 6.4　叶片吸力面上固相浓度随网格数变化

综合考虑计算的精度和经济性，最终选取的网格数约为 7.7×10^{6}。由于各方案筒底结构存在差异，因此网格数稍微不同，但相对偏差小于 2%。图 6.5所示为预制泵站的计算域网格及叶轮水体与导叶水体的空间网格。

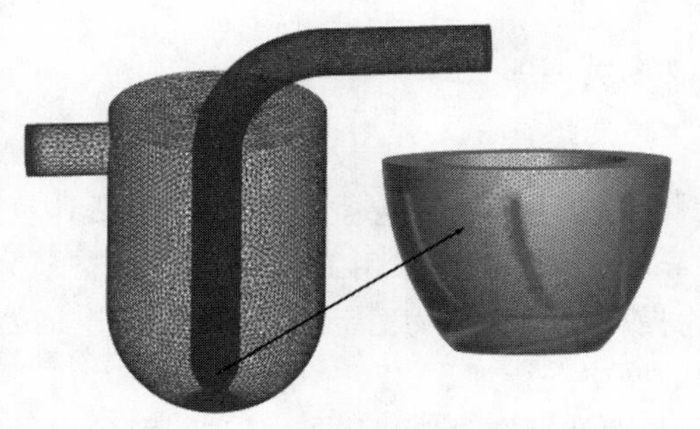

图 6.5　预制泵站计算域网格

6.3　结果与分析

6.3.1　泵的性能分析

图 6.6 所示为试验测量得到的输送泵的外特性曲线，同时，计算了在 5 种筒底方案中泵的扬程和效率。从图中可以看出，试验测得的泵的扬程和效率变化趋势均与理论相符。在设计流量 $1.0Q$ 时，试验得到的泵的扬程 $H=8.6$ m，较设计扬程高 7.5%，符合使用要求。

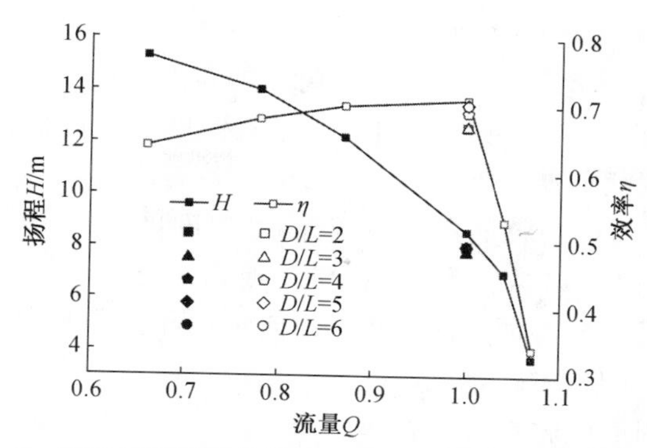

图 6.6 泵的试验性能曲线和泵在预制泵站中运行时的性能

模拟结果表明，当泵在预制泵站中运行时，5 种筒底方案中泵的扬程和效率均低于设计值，说明泵的吸入口处的流动状态影响了泵的工作性能。泵的效率随着 D/L 的增大呈现递增趋势，当 $D/L=3$，5 时效率分别为最小 0.669 和最大 0.703，递增幅度达到了 5.1%，但比设计效率分别小了 5.8%和 1.0%。5 种筒底方案中泵的扬程波动明显，$D/L=2$，5 时扬程最大为 8.04 m，$D/L=3$ 时扬程最小为 7.80 m，波动幅度为 3.1%，分别比设计扬程小了 6.5%和 9.3%。

6.3.2 固相浓度分布

固相分布是评价预制泵站的介质输送能力和运行稳定性的关键指标。图 6.7 所示为 5 种筒体方案中通过预制泵站进出口管轴心线的轴截面上的固相浓度分布。

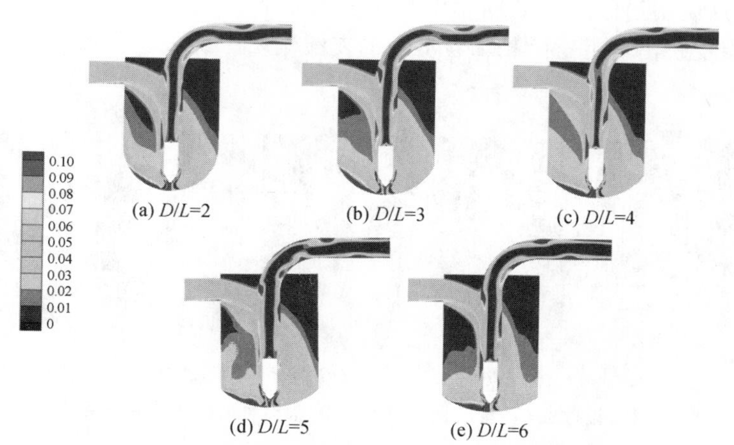

图 6.7 通过进出口管轴心线的轴截面上的固相浓度分布

由图可以看出，各筒体截面上固相分布整体相似，由于重力的作用，筒体上半部区域内的固相浓度较小，尤其是筒体的右上部分；在筒体的下半部，固相浓度随着筒体高度的降低而增加。筒底左侧区域内的固相浓度明显高于其他区域，说明颗粒出现了严重聚集现象，但各筒底区域内固相聚集程度不一样，$D/L=3$ 时筒底颗粒聚集区域较大，均匀度更好，而其他方案中筒底颗粒主要聚集在泵进口喇叭管附近，且高固相浓度已扩散至泵进口喇叭管上方，因此当固相尺寸较大时极易在筒体内产生固相沉积现象。由于筒体内固相颗粒呈非对称分布，因此导致固相浓度在进口喇叭管内同样呈现非对称分布，均出现偏向筒底的颗粒聚集区域。$D/L=3$ 和 $D/L=5$ 时喇叭管内固相浓度分布较其他筒体偏离中心程度较轻，而且喇叭管内固相浓度小于其他筒体，因此 $D/L=3$ 和 $D/L=5$ 时喇叭管内的固相浓度不至于过高而出现流道堵塞。

在输送泵的出口管内，由于叶轮的旋转效应还未完全消除，管内介质呈现螺旋上升的运动状态，因此在介质垂直上升阶段，固相颗粒的运动受到离心力的支配作用，在近管壁处出现间歇性的高浓度区域；在泵出口管的水平管段，介质运动受到流线转折和重力的影响，在近管壁处固相浓度较大；整体来看，泵出口管内轴心线处的固相浓度较小。

取与图 6.7 中所示的轴截面垂直且通过泵轴心线的截面，其上的固相浓度分布如图 6.8 所示。从图中可以看出，各筒体截面上的固相浓度分布特征相似，泵出口管两侧的固相分布总体对称。由于重力及泵的抽吸作用，距筒体底部越近，固相浓度越高，这与图 6.7 中所示的固相分布规律一致。在图 6.8 中，筒体底部区域并未出现图 6.7 中所示的左侧固相浓度明显高于右侧的现象，这说明筒体底部的固相颗粒沉积并非扩散至整个圆周方向，也从另一个侧面反映出重力对固相颗粒沉积的支配作用。

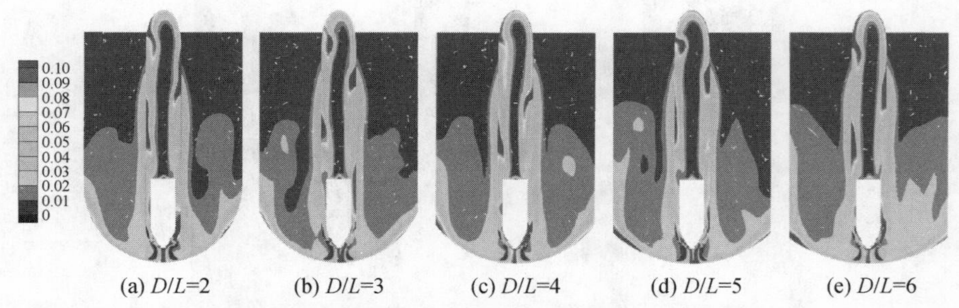

图 6.8 轴截面(垂直于图 6.7 所示的轴截面)上的固相浓度分布

为进一步解释筒体内和泵进口处的局部沉积或堵塞现象，从模拟结果中提取泵喇叭管进口截面（泵内）上的固相浓度分布和喇叭管进口处筒体截面（筒体与泵之间）上的固相浓度分布。

图 6.9 所示为泵喇叭管进口处互相垂直的两条截面线上的固相浓度分布曲线。从图中可以看出，5 种筒底方案中固相浓度均呈现沿径向非对称减小的趋势，但同一截面上的两条分布曲线上出现的固相浓度峰值不同，这与筒体内的非均匀流动及泵的扰动作用相关。同时，不同截面之间存在峰值交叉，比如在图 6.9a 所示的截面线上，固相浓度的最大值出现在 $D/L=6$ 的方案中，为 0.273，而在图 6.9b 中，固相浓度的最大值出现在 $D/L=5$ 的方案中，为 0.243，这说明 5 种筒底方案中，泵喇叭管进口截面上出现高固相浓度的位置不同。不同筒体方案对应的固相浓度峰值之间的偏差明显。泵喇叭管进口截面处的固相浓度越低，发生堵塞的可能性越小，因此可以认为筒底 $D/L=3$ 时泵站输送性能最好。

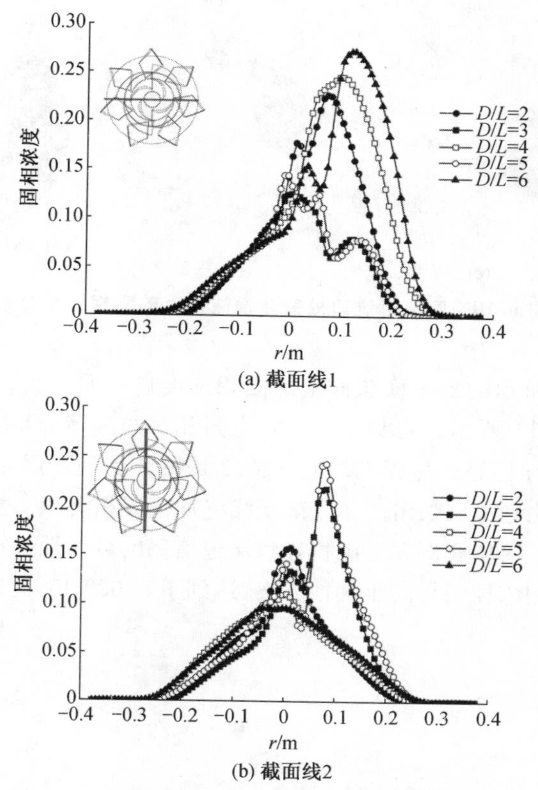

(a) 截面线1

(b) 截面线2

图 6.9 泵喇叭管进口处截面上的固相浓度分布

喇叭管进口处筒体横截面上的固相浓度分布如图 6.10 所示。可以明显看出，5 种筒体横截面上的固相浓度沿周向分布不均匀，这与图 6.7 和图 6.8 所示的固相浓度分布相呼应。在图 6.10 中，固相颗粒聚集在筒体一侧的局部区域内，在低浓度一侧固相浓度沿径向逐渐增大。比较所有方案的较高浓度区域，在 $D/L=3$ 方案中泵进口喇叭管壁面处的固相浓度明显低于其他筒体，说明该方案在泵进口喇叭管处出现固相颗粒聚集的可能性较小。

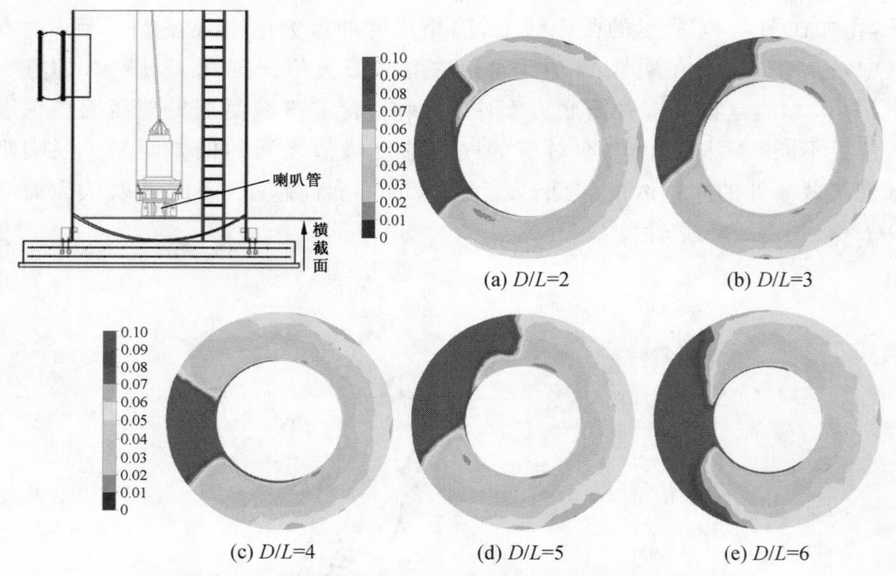

图 6.10 喇叭管进口处筒体横截面上的固相浓度分布

对图 6.10 所示的 5 个横截面上的固相浓度进行面平均，获得平均固相浓度，结果如图 6.11 所示。可以看出，平均固相浓度随着 D/L 的增大出现波动，整体呈现上升趋势。尽管平均固相浓度是一个受到多因素影响的参数，但图 6.11 中的变化趋势反映出筒体底部变浅将加重固相沉积。当 $D/L=3$ 时，平均固相浓度最低，筒体底部发生沉积导致流道堵塞的可能性最小。当 D/L 增大到 6 时，平均固相浓度明显高于其他方案，达到了 0.029 19，此时筒底的形状已接近平面。

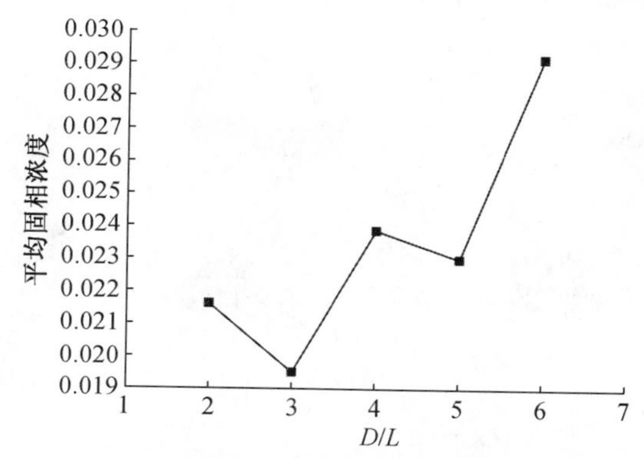

图 6.11 喇叭管进口处筒体横截面上的平均固相浓度

6.3.3 速度和流线分布

为了描述固相的流动特征,取图 6.7 所示的轴截面,提取该截面上的固相相对速度分布和流线,结果如图 6.12 所示。由于筒体尺寸较大,因而筒体内颗粒整体速度较低。由于流动面积减小及泵的扰动作用,泵进口喇叭管内固相流速明显高于筒体内的流速;由于泵进口管截面面积沿流动方向逐渐减小,因而速度逐渐增大。在泵内由于叶轮做功,泵内流动速度会进一步增大。从图中可以看出,随着 D/L 增大,泵进口管内的总体速度逐渐减小,这与较大的 D/L 对应较大的过流面积相关。

流态稳定是衡量泵站设计质量的重要指标之一[114],从图 6.12 中可以看出,筒体内的流动较平滑。在 $D/L=2,3,4$ 的方案中,明显看出在泵站进口上方区域内存在较小的漩涡,进口下方近筒体壁面处出现了一个流线汇集点。$D/L=5$ 和 $D/L=6$ 的方案中筒体内的流动状态较差,筒体内存在高度三维的流动结构,在泵站进口上下两个区域内均出现了漩涡,且相较于其他筒体流线汇集点下移。从图 6.10 和图 6.12 可以看出,泵喇叭管内固相浓度相对较低处出现 2 个对称分布的漩涡。漩涡的形成必然会减小有效过流面积,同时造成能量损失。

图 6.13 为喇叭管进口截面上的固相相对速度分布和流线。从图中可以看出,随着 D/L 增大,泵进口固相相对速度逐渐减小。对于各个筒体方案,喇叭管进口处的流动方向较为一致,流线由距壁面一定距离的圆周上发散出两股流动,一股向壁面流动形成沿壁面的附壁流动,另一股向管道中心位置汇聚。喇叭管处呈现四周进水的流动状态,加上泵的抽吸作用,因此在流线汇

集处均出现漩涡，当 $D/L=3$ 和 $D/L=5$ 时漩涡结构较明显。

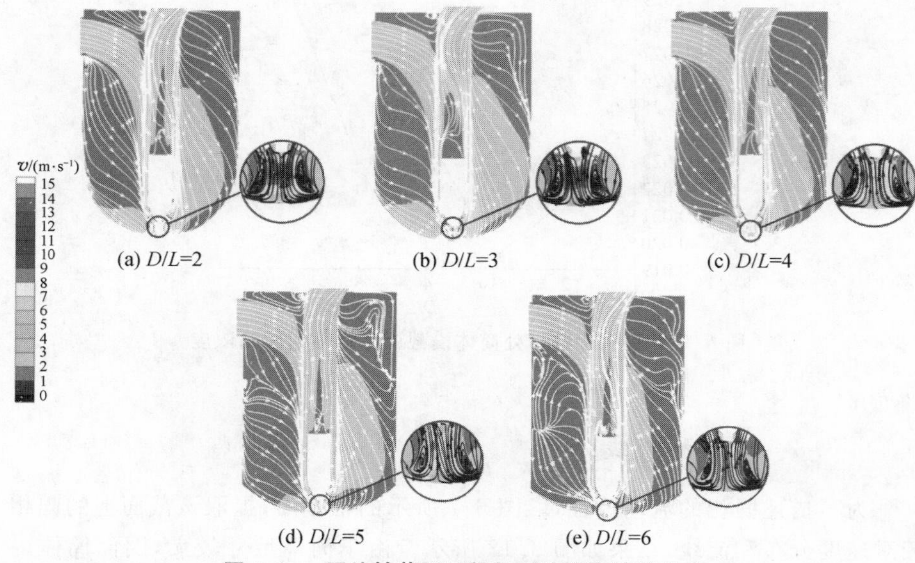

图 6.12 泵站轴截面固相相对速度和流线分布

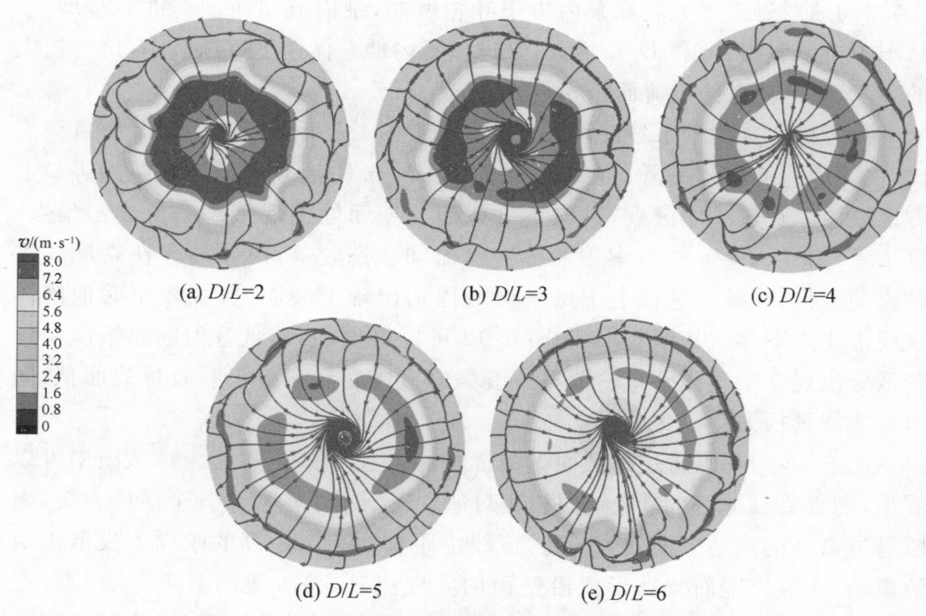

图 6.13 喇叭管进口截面固相相对速度和流线分布

一般认为漩涡会降低过流能力、加剧压力脉动和机组运行的不稳定性[115]。因此，针对漩涡常采用防涡或消涡装置[116-118]。然而，对于输送固液两相流的预制泵站，一定强度的漩涡有利于预防或缓解固相沉积。漩涡对筒体底部流体产生扰动作用，使固相颗粒分散并悬浮于液相介质中；喇叭管进口的漩涡将固液两相介质卷吸进入泵内然后逐级排出泵站，保证预制泵站的稳定运行。总体来看，$D/L=3$ 方案中截面流线光滑，同时喇叭管进口处的漩涡结构明显，可以有效避免筒体底部的固相沉积。

6.4 结论

本研究对预制泵站内的固液两相流动进行了系统性的数值模拟，对比分析了 5 种筒底几何形状对固液两相流体输送和固液两相流动特征的影响，评价了各个筒底几何方案对固相物质在筒体底部沉积的抑制作用，获得的主要研究结论如下：

① 预制泵站筒体内的固液两相流动呈现高度的非对称性与不均匀性。在泵与筒体内壁之间，出现了大尺度的流动结构。泵站进口侧筒底处的固相浓度较高，是形成沉积的重要因素。同时，泵入口的固液两相流动形态对泵性能的影响显著。

② 泵的抽吸作用是筒体内的固液两相流体受到的最主要的驱动力。在所研究的 5 种筒底几何方案中，随着 D/L 增大，喇叭管进口截面上的固相相对速度逐渐减小。喇叭管进口截面均出现漩涡，$D/L=3$ 和 $D/L=5$ 时漩涡强度较大。

③ 综合分析各个流动区域的固相浓度分布、固相相对速度及流线分布特征，$D/L=3$ 时筒体内的固液两相流动较为稳定，且最不易出现颗粒在筒底的沉积现象，泵入口也不会发生堵塞，该方案是最佳的防沉积筒体底部几何方案。

泵间干扰和泵的安装高度对固相沉积的影响

为适应排水量的需求，一般的预制泵站内通常会安装 2 台泵甚至 3 台泵，因此可能出现多台泵同时运行的情况。由于预制泵站筒体的几何尺寸较小，不可能给泵留下很大的安装空间，因而泵与筒体壁面及各泵之间的距离可能较小，从而泵与泵之间出现流动干扰现象。多泵同时运行时的流动相互干扰对预制泵站的稳定运行具有重要的影响。流动干扰不仅导致预制泵站筒体内产生流动混乱现象，出现复杂的漩涡流动，还会影响预制泵站的运行稳定性[76]。更为严重的是，输送固液两相流体时，泵与泵之间的相互干扰可能会使固相在筒体底部形成沉积。

本章针对安装在同一筒体内的 2 台泵，考察其安装间距 L_0 和悬空高度 H_{xk} 的变化对流动的影响。利用 ANSYS CFX 商用 CFD 软件对不同泵安装条件下的预制泵站内部流动进行数值模拟，模拟方案如表 7.1 所示。在研究固液两相流动的同时，讨论固相颗粒在筒体底部沉积的可能性。

表 7.1 数值模拟方案

方案	流量 $Q/(m^3 \cdot s^{-1})$	固相体积分数 $\varphi/\%$	泵出口管径 D/mm	安装间距 L_0/mm	悬空高度 H_{xk}/mm
1	1.08	3	500	3D	200
2	1.08	3	500	4D	200
3	1.08	3	500	5D	200
4	1.08	3	500	4D	400
5	1.08	3	500	4D	500

7.1 预制泵站内泵安装间距的影响

7.1.1 不同泵安装间距条件下预制泵站的输送性能

潜水输送泵作为预制泵站内最为关键的部件，承担着预制泵站中最为重要的介质输送任务，因此评价预制泵站的输送性能主要在于考察输送泵的性能。

图 7.1 为预制泵站中 2 台输送泵的效率随安装间距的变化。整体来看，2 台泵的运行效率随着泵安装间距的增大而提高。泵安装间距为 3D 时，2 台泵的运行效率最低且相等；两泵间距为 4D 时，2 台泵的效率不同，且其中泵 #1的运行效率明显上升；两泵间距为 5D 时，2 台泵的效率均提高到了 77%。

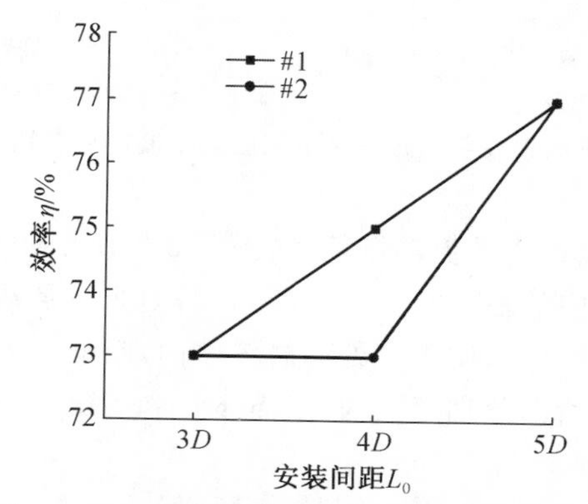

图 7.1 不同泵安装间距条件下泵效率的变化

泵吸入口流场的均匀性反映了泵的入流质量，研究人员提出使用流速分布均匀度这一指标量化流场的均匀性，计算公式如下所示[78,79]：

$$\delta = 1 - \frac{1}{\overline{\mu}_{\mathrm{a}}} \sqrt{\frac{\sum (u_{\mathrm{a}i} - \overline{u}_{\mathrm{a}})^2}{n}} \tag{7-1}$$

式中：$\overline{u}_{\mathrm{a}}$——泵吸入口轴向平均速度；

$u_{\mathrm{a}i}$——泵吸入口各单元轴向速度；

n——泵吸入口单元数。

通过公式(7-1)计算得到不同泵安装间距条件下，预制泵站中 2 台泵吸入口固相和液相的速度分布均匀度，结果如图 7.2 所示。由图可知，不同泵安装间距条件下各台泵吸入口的固相和液相速度均匀度大小相当，且变化趋势一致。当泵安装间距从 3D 增加到 4D,泵吸入口的固相和液相速度均匀度均减小,说明泵吸入口流场的均匀性随着泵安装间距的增大而变弱。

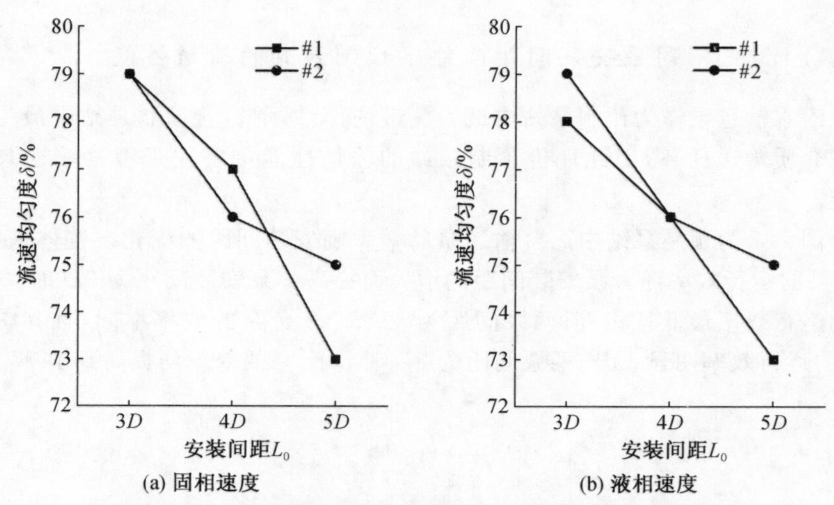

(a) 固相速度　　(b) 液相速度

图 7.2　不同泵安装间距条件下泵吸入口流速分布均匀度变化

为了详细描述筒体内的流动特征,取图 7.3 中所示的 4 个断面进行监测。其中,断面 1 为筒体内的最高液位所在断面,断面 2 与泵站进口中心处的筒体截面重合,断面 3 为液位高度 1/2 处的筒体截面,断面 4 为通过输送泵进口断面的筒体截面,将各断面分别定义为 S_1,S_2,S_3 和 S_4。

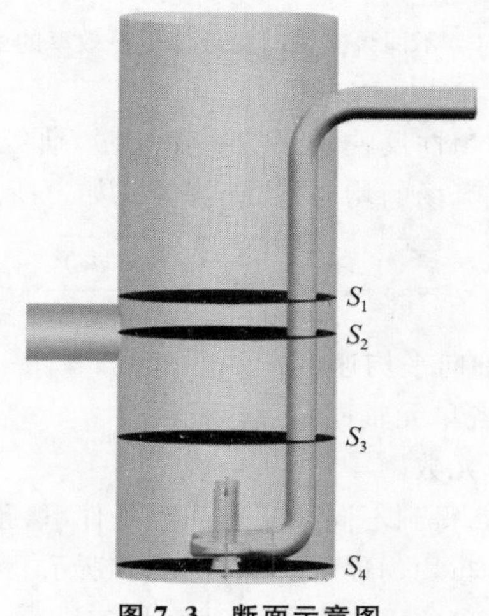

图 7.3　断面示意图

泵安装间距的变化必然会导致泵的旋转效应影响的区域不同，从而影响筒体各断面上的流动状态。可以看出，断面 S_4 上的流动状态受到的影响最为严重。图 7.4 为不同泵安装间距条件下，断面 S_4 上的液相速度与流线分布。可以看出，泵吸入口处速度较大，但断面上的整体速度较低，尤其是在筒体壁面处，由于摩擦阻力的作用，壁面附近流动速度更低。泵的旋转对泵吸入口周围流场起到了扰动作用，故随着泵安装间距的增大，筒体内的流体速度在不断变化。当泵距离筒体壁面越近时，壁面附近的速度越高，两泵之间却出现明显的低速区域。

从 S_4 断面的流线和速度分布可以看出，以水平中心线为分界线，沿上下方向分散出两股流动。不同泵安装间距条件下均存在沿壁面圆周方向上的流动。2 台泵的间距增大时，两泵之间的干扰强度减弱，泵吸入口筒体断面上的液相流动状态得到改善，如图 7.4 中所示的筒体断面右侧区域，随着泵间距的增大，壁面附近的漩涡尺度逐渐减小直至消失，这有利于减小泵吸入时的流动损失。

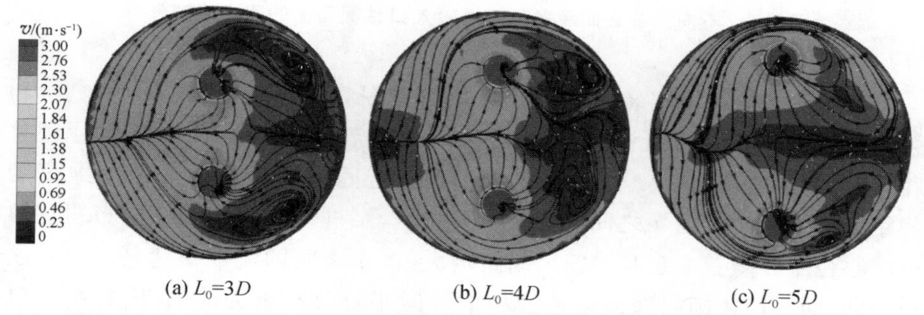

图 7.4　不同泵安装间距条件下筒体断面（断面 S_4）上的液相速度与流线分布

图 7.5 所示为不同泵安装间距时，泵吸入口轴截面上的固相浓度分布。从图中可以看出，不同泵安装间距条件下筒体底部轴截面上的固相浓度分布特征相似，在 2 台泵下方和筒体圆周壁面附近的固相浓度高于其他区域。但随着泵安装间距的增大，泵入口预旋的影响域发生变化，并且由于泵的抽吸作用，2 台泵之间的固相浓度变大，而筒体圆周壁面附近的固相浓度减小。尽管不同泵安装间距条件下 2 台泵仍然保持对称安装布置，但 2 台泵之间的运行仍然存在干扰。2 台泵的吸入口上的固相分布特征存在明显差异。但是随着泵安装间距的增大，泵吸入口的固体颗粒逐渐向泵吸入口的中心位置移动，2 台泵的吸入性能均得到改善。

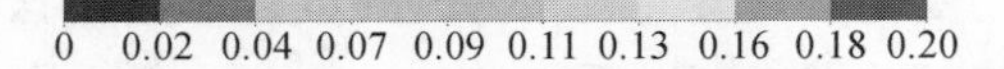

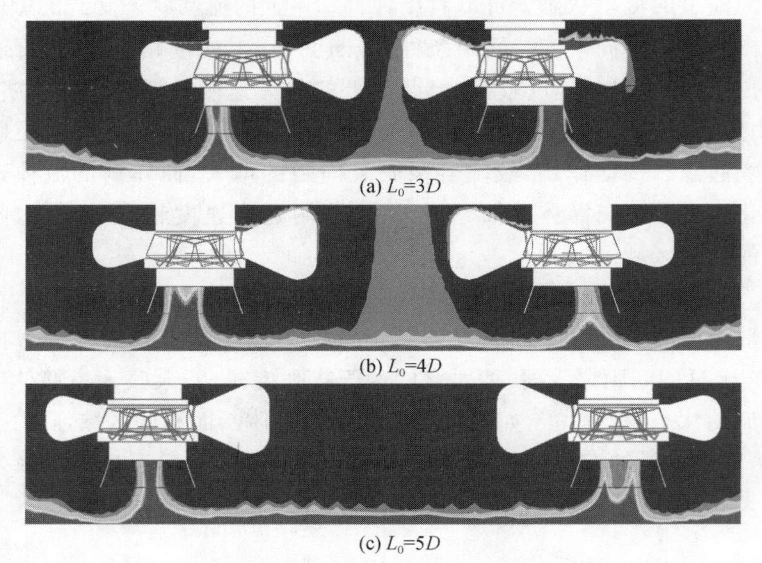

(a) $L_0=3D$

(b) $L_0=4D$

(c) $L_0=5D$

图 7.5 不同泵安装间距条件下泵吸入口轴截面上的固相浓度分布

为进一步分析泵安装间距对泵吸入固相颗粒的影响，提取泵＃1(上)和泵＃2(下)吸入口截面上的固相浓度分布，如图 7.6 所示。与图 7.5 所示现象相同，因为泵安装间距较小，筒体圆周壁面附近固相浓度较高且集中，泵安装间距 $L_0=3D$ 时，2 台泵之间的干扰最为强烈，泵进口的固相浓度分布明显偏离中心位置。随着 2 台泵的安装间距增大，两泵之间的流场受到泵的干扰逐渐减弱，而且筒体圆周壁面附近固相浓度减小且分布更为均匀，因此泵入口的固相浓度最大值向着泵吸入口断面中心位置移动。

图 7.7 所示为不同泵间距条件下，泵＃1(上)和泵＃2(下)吸入口截面上的固体颗粒速度分布。整体来看，各泵吸入口的固相保持着较高的流速。速度分布与图 7.6 所示的固相浓度分布相呼应，固相浓度较高的区域内固体颗粒速度较小。随着两泵间距的增大，泵与筒体之间的流体受到的圆柱壁面的约束增强，同时两泵之间的流动干扰作用减弱，因此可以看出泵进口的固相速度分布随着两泵的安装间距增大的同时也发生变化，但是 2 台泵的吸入口上的固相速度分布仍然不同。由于泵进口的固相浓度和速度随着泵安装间距的变化而变化，必然导致进入泵内的固相颗粒体积分数不同。由第 4 章泵内固相颗粒相对速度分析可知，固相颗粒体积分数对泵内固相颗粒的相对速度影响较小。

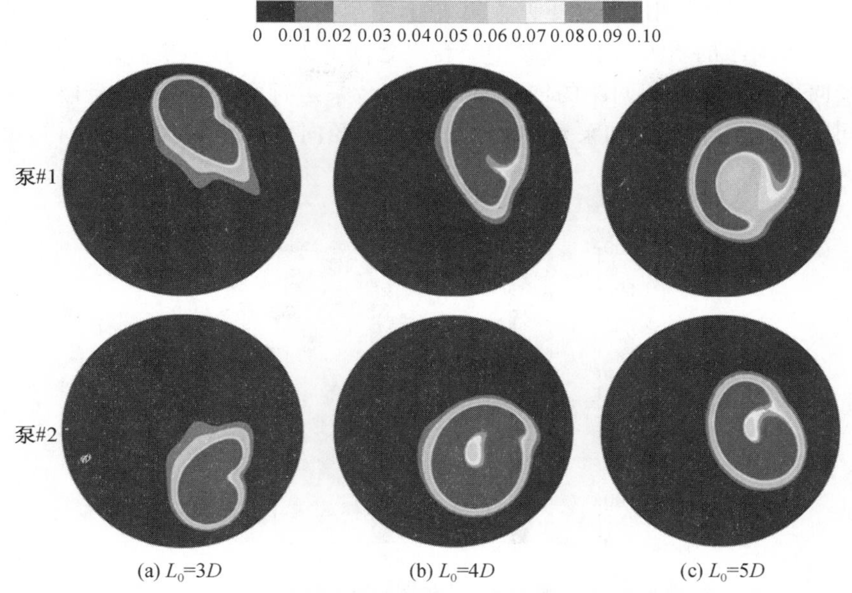

图 7.6 不同泵安装间距条件下泵吸入口的固相颗粒浓度分布

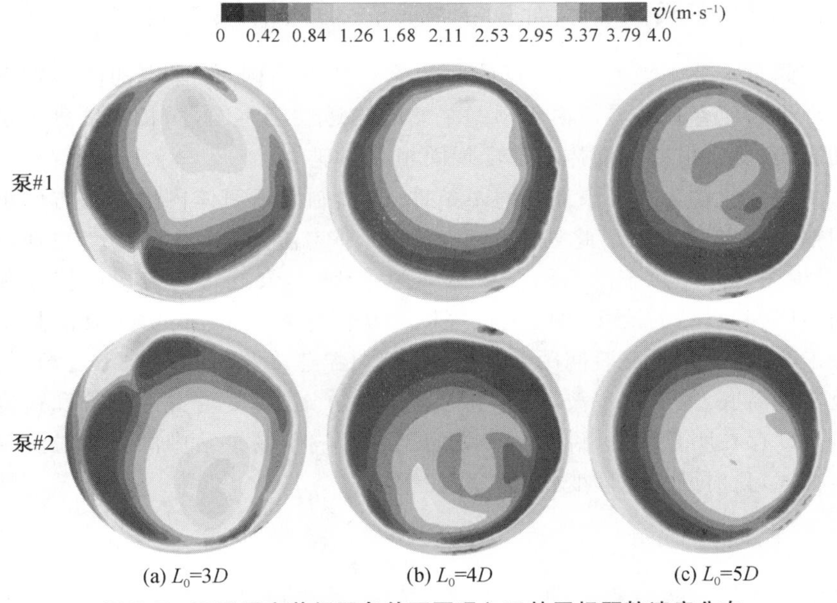

图 7.7 不同泵安装间距条件下泵吸入口的固相颗粒速度分布

图 7.8 所示为不同泵间距条件下，叶轮上受到的径向力。由于流动的复杂性，不同泵安装间距条件下两泵叶轮上受到的径向力存在明显差异。随着两泵安装间距的增大，预制泵站中 2 台泵之间的干扰作用减弱，故叶轮上受到的径向力随着泵安装间距的增大而减小，2 台泵运行则更加稳定，且随着泵安装间距的增大，泵 #1 和泵 #2 叶轮上受到的径向力减小趋势也不一样，说明两泵的运行条件不同。

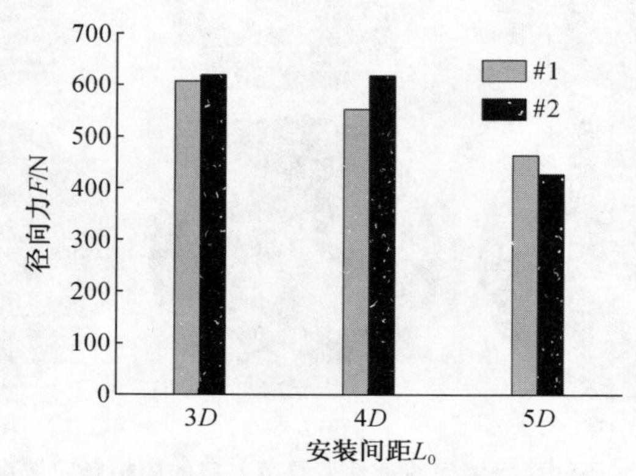

图 7.8　不同泵安装间距条件下叶轮上的径向力合力

7.1.2　不同泵安装间距条件下筒体内固相分布特征

不同泵安装间距条件下，筒体内的流动状态不同，筒体内的固体颗粒运动特征也必然存在差异。由于预制泵站的输送性能不同，固相浓度分布也会受到影响，且有可能在筒体底部出现固相沉积现象。

图 7.9 所示为不同泵安装间距条件下，预制泵站筒体内沿高度方向上的固相颗粒的速度分布。此处取每个断面的平均流速，且只取速度的垂直分量，以说明沉降的状态。不同泵安装间距条件下，泵旋转对流场的扰动强度不同，且受到扰动的流场的区域也不同。从图中可以看出，由于泵的悬空高度并未改变，不同泵安装间距条件下，固相颗粒速度从液位处向下逐渐增大，及至接近筒底，速度出现波动，并且对于 3 种方案，速度增大的趋势和速度波动的幅度存在明显差别，说明泵安装间距不影响预制泵站中固相颗粒沉降的基本特征，只对固相速度变化趋势存在影响。

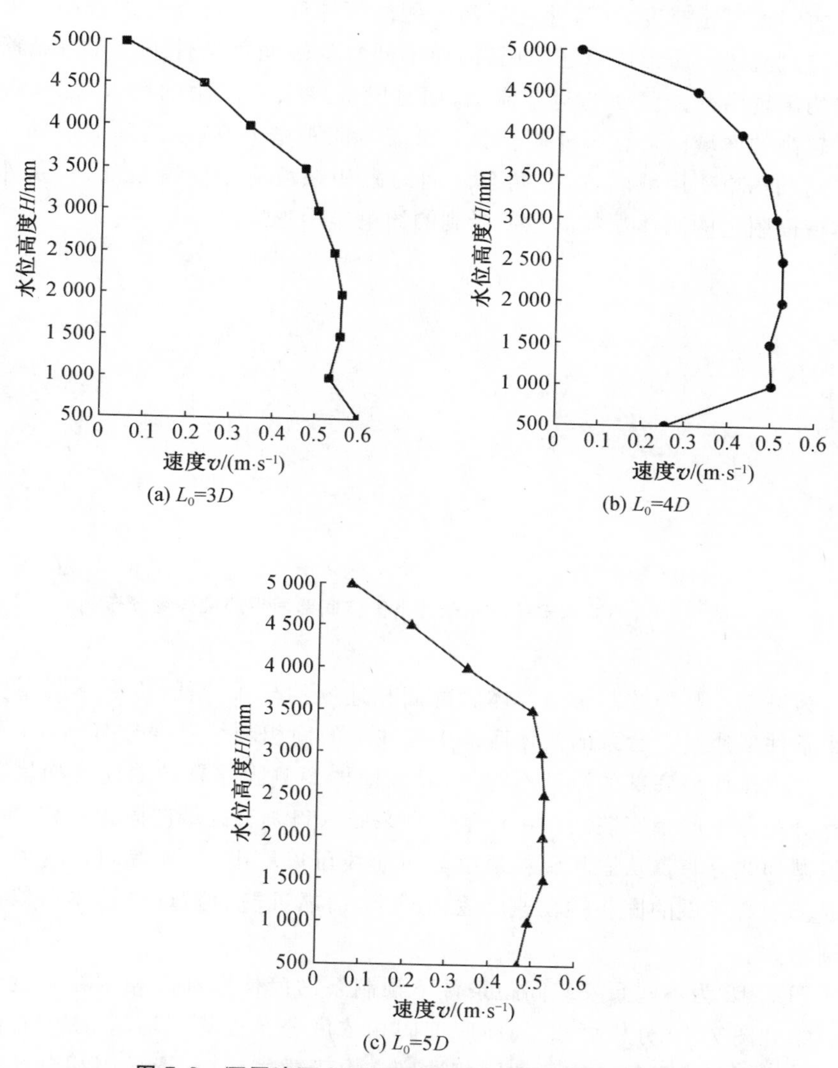

图 7.9 不同液面上固相颗粒重力方向上的速度分布

图 7.10 为不同泵安装间距条件下预制泵站筒体底部固体颗粒的速度矢量分布。可以看出，泵吸入口垂直区域内固相颗粒速度较高，这与泵的抽吸作用相关。在与泵站进口同一侧的筒体底部，固体颗粒速度明显高于筒体另一侧的固相颗粒速度，而且速度更高一侧的筒体底部的流动更加规则。由于泵旋转对流体介质形成牵连作用，因而不同泵安装间距条件下预制泵站筒体底部均出现沿筒体壁面的附壁流动，而且随着泵安装间距的增大，固体颗粒速度较高的区域向 2 台泵外侧转移。泵安装间距增大，两泵之间的流动受到的扰动和约束作用减弱，因此两泵之间的固相颗粒流动变得紊乱，两泵外侧筒体壁面附近的固体颗粒的运动受到的约束作用越强。

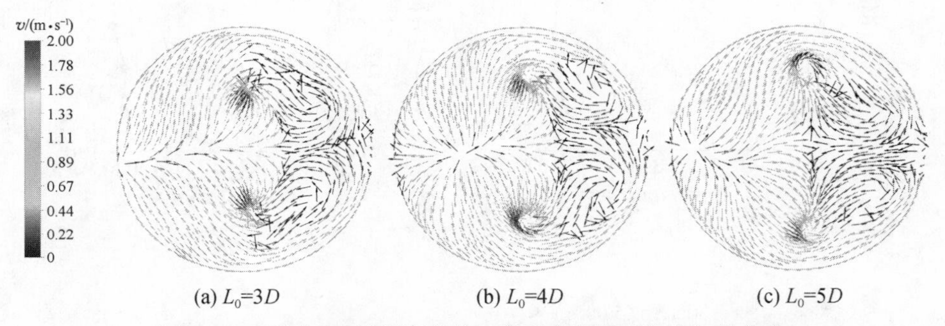

(a) L_0=3D　(b) L_0=4D　(c) L_0=5D

图 7.10　不同泵安装间距条件下筒体底部固相速度矢量分布

为进一步解释预制泵站筒体底部固相速度的分布特征，提取不同泵安装间距条件下通过 2 台泵的筒体底部中心线上的固相颗粒速度分布，如图 7.11 所示。由于筒体底部的流动不均匀，导致筒体两侧固体颗粒的速度均呈现非对称分布。不同泵安装间距条件下 2 台泵吸入口垂直区域内固相颗粒速度近似呈抛物线分布。从固相颗粒速度分布曲线可以看出，泵安装间距增大时筒体底部中心区域的固相颗粒速度逐渐减小，而靠近壁面附近的固体颗粒速度逐渐增大。

图 7.12 为不同泵安装间距条件下预制泵站筒体底部固相颗粒浓度分布图。结合图 7.10 分析可知，筒体底部固相浓度分布极其不均匀，图中右侧的固相浓度明显高于筒体左侧的固相浓度。由于重力作用，形成固相颗粒在筒体底部聚集的现象，筒体底部的固相浓度均高于泵站进口时的固相浓度。随着 2 台泵的安装间距的增大，筒体底部的固相颗粒分布更加分散，固相浓度分布更加均匀。由于泵的输送作用，因而泵距离筒体壁面越近，筒体壁面圆周附近固相浓度越低，而 2 台泵之间筒体中心位置处的固相浓度增加。

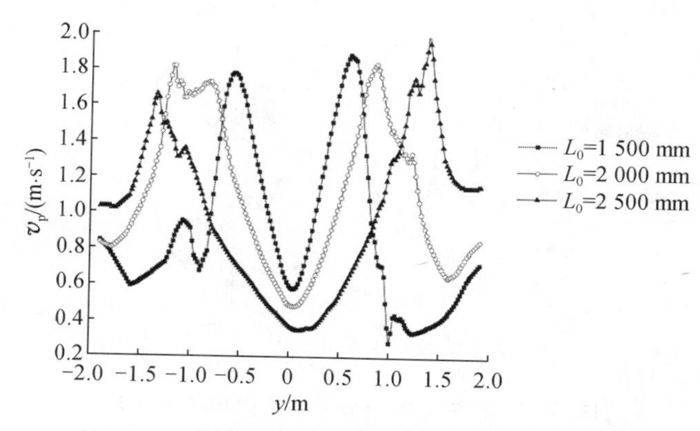

图 7.11　筒体底部中心线上的固相颗粒速度分布

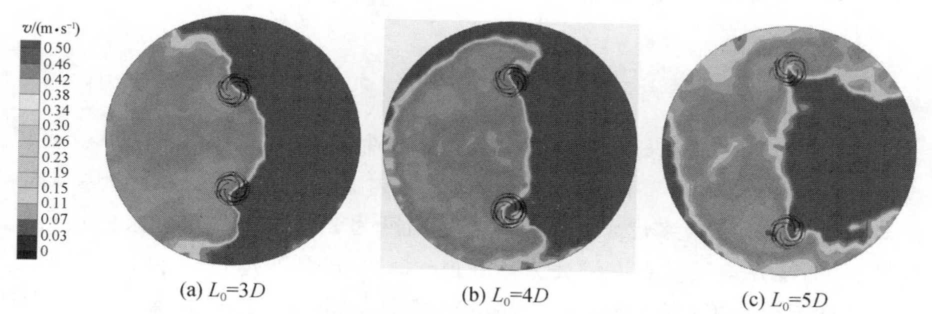

图 7.12　不同泵安装间距条件下筒体底部固相浓度分布

为进一步分析预制泵站筒体底部固相浓度分布特征，提取不同泵安装间距条件下通过 2 台泵的筒体底部中心线上的固相浓度分布，如图 7.13 所示。筒体底部的非均匀流动导致不同泵安装间距条件下筒体底部两侧固相浓度均呈现非对称分布。由于泵对固相颗粒具有抽吸输送作用，泵安装间距较小时，筒体壁面圆周附近的固相浓度较高；泵安装间距越大时，筒体底部中心区域的固相浓度越高。

综上对筒体底部固相浓度与速度的分析可知，不同安装间距条件下筒体底部右侧区域内固相浓度较高，而且该区域内固相流动速度较低，因此有可能在预制泵站内产生固相沉积现象。当泵安装间距增大到 $L_0=5D$ 时，筒体底部固相浓度分布更加均匀，而固相颗粒速度未明显下降，因此泵安装间距为 $5D$ 时筒体底部出现沉积的可能性最小。

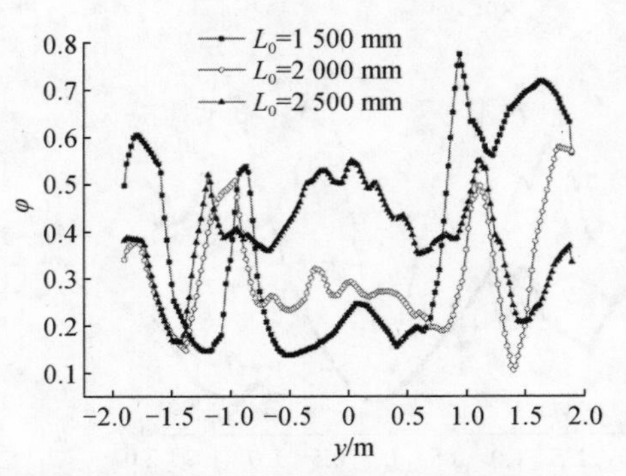

图 7.13 筒体底部中心线上的固相浓度分布

7.2 预制泵站内泵悬空高度优化分析

7.2.1 不同泵悬空高度条件下预制泵站输送性能

图 7.14 为不同泵安装悬空高度条件下预制泵站中 2 台泵的效率。可以看出，随着泵安装悬空高度的增大，同一筒体内 2 台泵的效率变化趋势不同，泵#1 的运行效率始终较高。泵安装悬空高度为 200 mm 时，2 台泵的运行效率最低；当泵安装悬空高度增大为 400 mm 时，2 台泵的运行效率得到了明显的提升且近似相等；当泵安装悬空高度继续增大到 500 mm 时，泵#1 的运行效率继续上升，泵#2 的效率则下降。

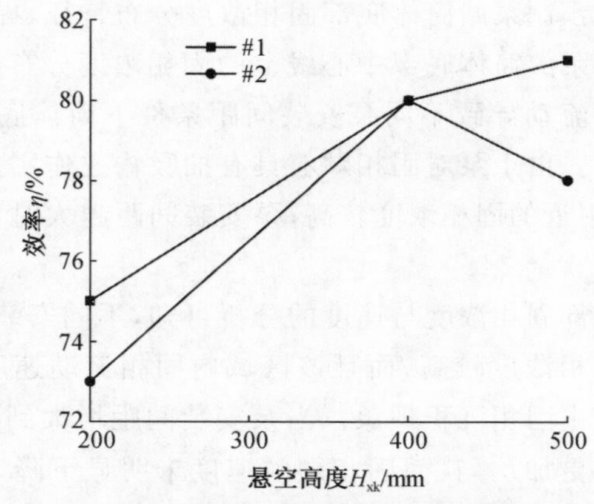

图 7.14 不同泵悬空高度条件下泵效率的变化

图 7.15 为不同泵悬空高度条件下，预制泵站中 2 台泵吸入口的固相和液相速度分布均匀度。由图 7.15 可知，泵 #1 吸入口的固相和液相速度均匀度始终高于泵 #2 吸入口的对应值。在不同泵悬空高度条件下，泵吸入口的固相和液相速度均匀度均呈现先增大后减小的变化趋势，固相和液相速度均匀度最大值均出现在泵悬空高度为 400 mm 时，说明存在最佳的泵悬空高度使得泵吸入口流场的均匀性最高。

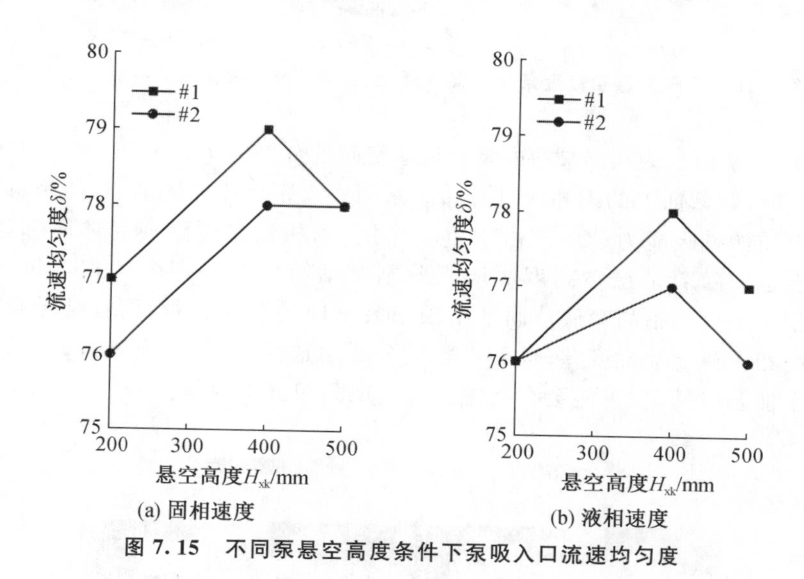

(a) 固相速度　　(b) 液相速度

图 7.15　不同泵悬空高度条件下泵吸入口流速均匀度

图 7.16 为不同悬空高度条件下 S_4 断面上的液相速度与流线分布。与不同泵安装间距条件下 S_4 断面上的液相速度分布相似，泵吸入口处速度较高，筒体内整体速度较低，由于摩擦阻力的作用，筒体壁面附近流动速度较低。随着悬空高度的增加，筒体断面上的低速区域面积增大。

从筒体内流线速度分布可以看出，悬空高度较低时泵吸入口处筒体断面上的流动状态较好，由筒体中心线分散出上下两股流动。随着泵悬空高度的增加，断面上的流动状态逐渐变差，出现冲击壁面的流动和较大尺度的漩涡，这主要是由于悬空高度较大时泵吸入口处筒体断面上的流动受到筒体底部的约束作用减弱，流动的自由度变大，这种流动现象会导致较大的能量损失，并且会影响预制泵站的运行稳定性。

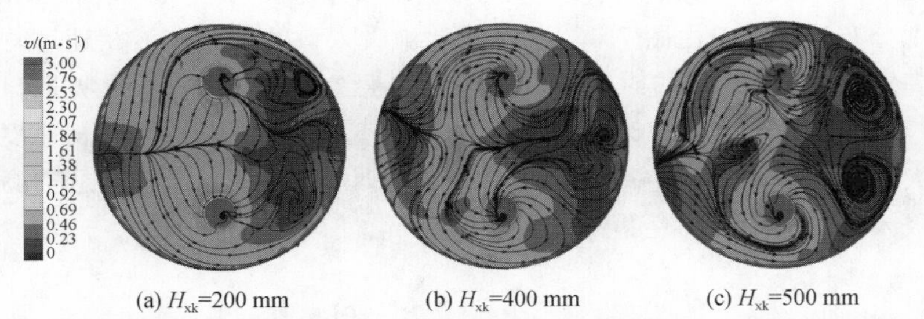

(a) H_{xk}=200 mm (b) H_{xk}=400 mm (c) H_{xk}=500 mm

图 7.16 不同泵悬空高度条件下筒体断面(断面 S_4)上液相速度与流线的分布

图 7.17 所示为预制泵站中泵安装悬空高度分别为 $H_{xk}=200,400,500$ mm 时,泵进口轴截面上的固相浓度分布。泵吸入口距离筒体底部越远,泵对筒体底部介质的抽吸能力越弱。由于重力作用,固相颗粒逐渐向筒体底部运动,必然会造成随着泵悬空高度的增大预制泵站筒体底部产生固相聚集现象。固相聚集不仅会抬高筒底从而减小预制泵站内的有效容积,而且会导致筒体底部两相介质流动性变差,进一步影响泵的输送性能,更为严重的是,若固相颗粒不能及时排出,可能会在筒体底部出现固相沉积现象。

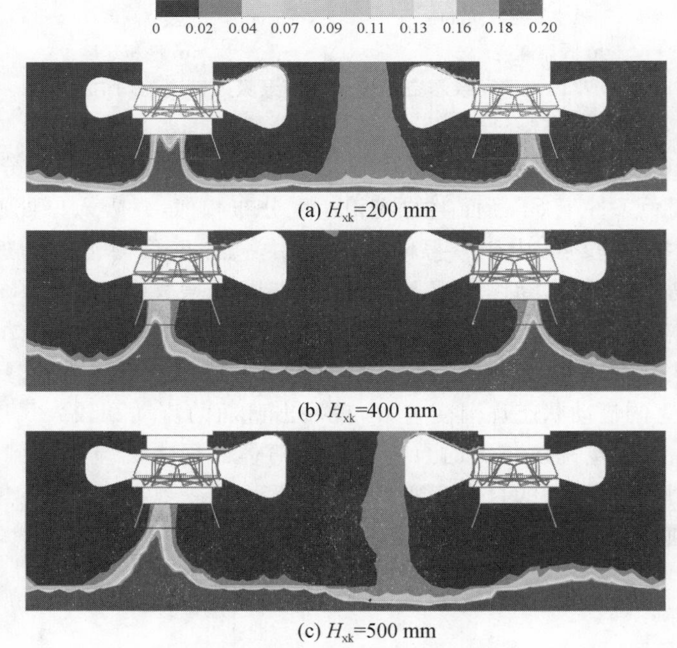

(a) H_{xk}=200 mm

(b) H_{xk}=400 mm

(c) H_{xk}=500 mm

图 7.17 不同泵悬空高度条件下泵吸入口固相浓度分布

为深入分析泵悬空高度对泵吸入固相颗粒的影响，提取泵＃1(上)和泵＃2(下)吸入口横截面上的固相浓度分布，结果如图 7.18 所示。由图 7.17 分析可知，悬空高度增大，泵对筒体底部固体颗粒的抽吸能力减弱，可以看出，在泵吸入口横截面上，固相浓度随着高度的增加逐渐降低，这种现象证实了泵的安装高度过高不利于泵站底部固相颗粒物的排出。此外，2 台泵吸入口上的固相浓度分布不一致，且随着悬空高度的增加，差异更加明显，这主要是因为一方面 2 台泵互相干扰，导致流动不均匀；另一方面由于泵悬空高度增加，筒体底部介质受到的泵吸入作用减弱，所以固体颗粒的运动自由度增大。

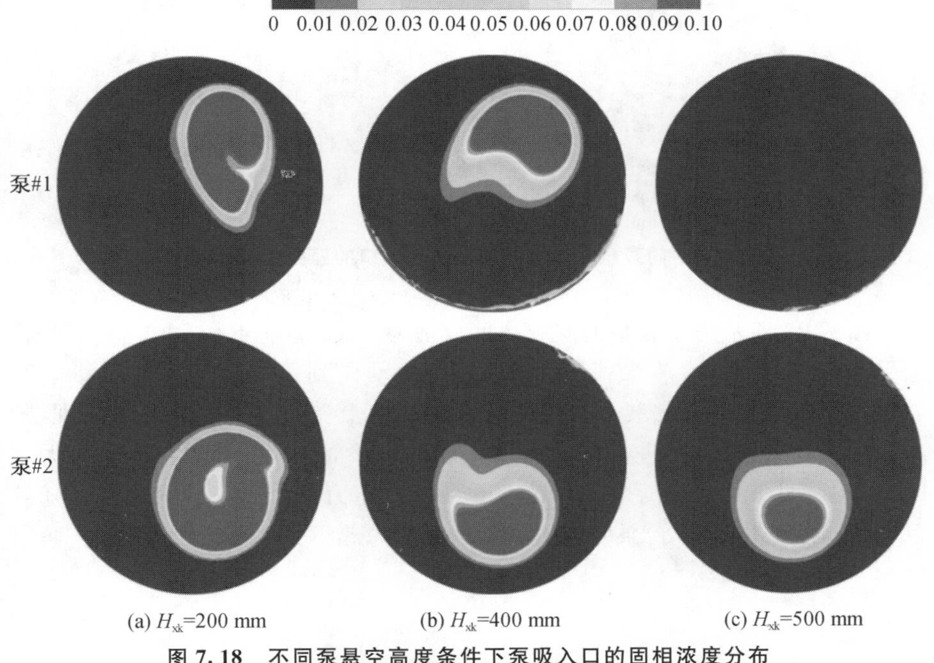

图 7.18　不同泵悬空高度条件下泵吸入口的固相浓度分布

图 7.19 所示为泵安装高度分别为 $H_{xk}=200,400,500$ mm 时，泵＃1(上)和泵＃2(下)吸入口横截面上的固相颗粒速度分布。可以看出，随着泵安装高度的增加，泵进口处的固相速度逐渐减小。结合固相浓度分析可知，泵进口处固相速度减小的同时固相浓度也在减小，说明此时流入泵内的固相颗粒较少，进一步说明泵安装高度过高会削弱预制泵站输送固液两相介质的能力。由于泵悬空高度增加，固相颗粒运动的随机性增大，再加上两泵之间的干扰作用，2 台泵吸入口固相颗粒速度分布差异性增强。

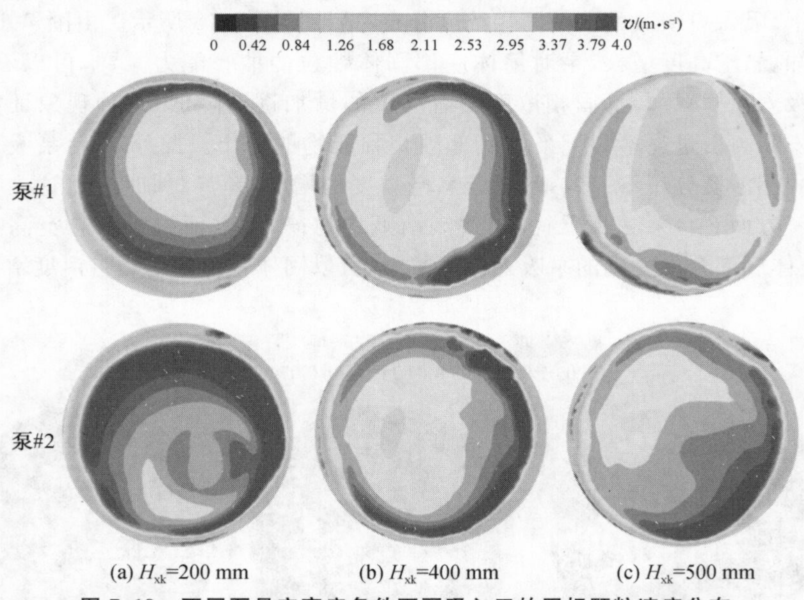

图 7.19　不同泵悬空高度条件下泵吸入口的固相颗粒速度分布

图 7.20 所示为 2 台泵的安装高度分别为 $H_{xk}=200,400,500$ mm 时叶轮上受到的径向力。泵安装高度增加，泵内流动受到筒体底部流动的影响减弱。对比分析不同泵安装悬空高度条件下叶轮上受到的径向力可以发现，随着泵悬空高度的增加，进入泵内的固相颗粒减少，叶轮上受到的径向力大幅度减小，说明泵的安装高度对叶轮上受到的径向力的大小有较大影响。随着泵安装高度的增加，2 台泵叶轮上受到的径向力趋于一致。

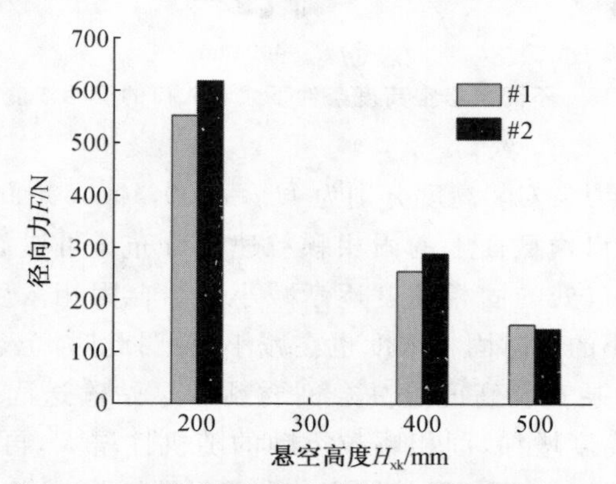

图 7.20　不同泵悬空高度条件下叶轮上的径向力

7.2.2 不同泵悬空高度条件下筒体内固相分布特征

图 7.21 所示为不同泵安装高度条件下，预制泵站筒体内沿高度方向上的固相颗粒速度分布。此处的速度同样取为面平均速度，且只取垂直方向的速度分量。随着泵安装高度的增加，筒体内受到泵扰动作用的液位高度上升。因此可以看出，在液位较高处，固相颗粒速度变化主要受重力的影响，故沿重力方向，速度逐渐增大；在液位较低处，固相颗粒受到泵旋转的扰动作用，速度出现波动，且速度波动的液位高度随着悬空高度的增加而增加。说明固相颗粒的沉降受到泵安装高度的影响较小，但对出现速度波动的液位高度影响较大。

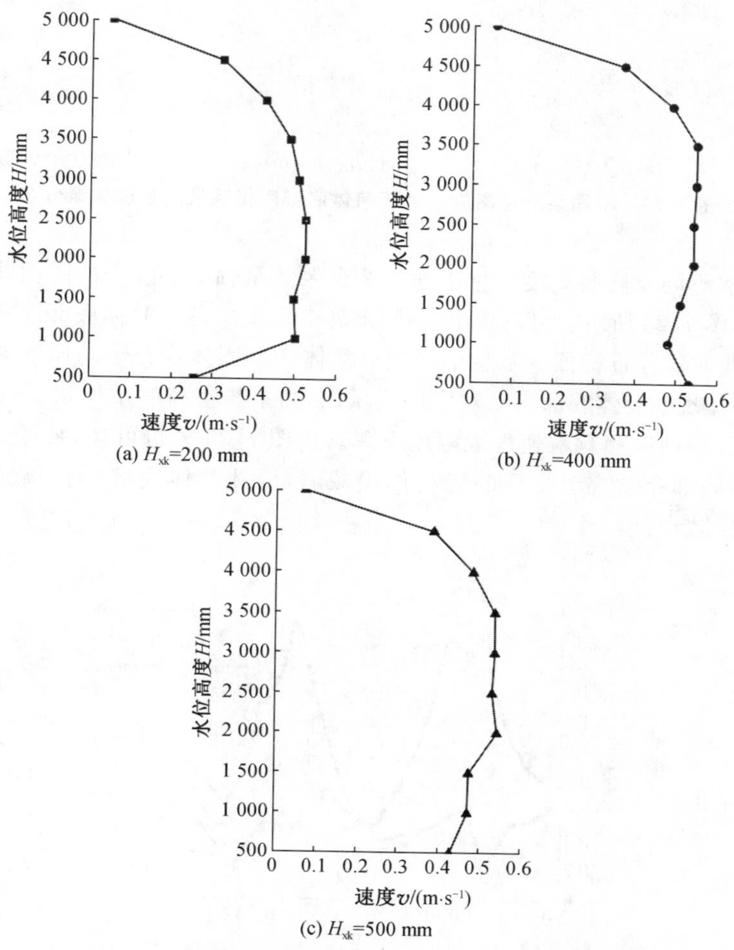

图 7.21 不同液面上筒体内固相颗粒重力方向上的速度分布

图 7.22 为不同泵安装高度条件下预制泵站筒体底部固体颗粒的速度矢量分布。从图中可以看出，随着泵悬空高度的增加筒体底部固体颗粒运动速度明显降低。随着泵安装高度的增加，泵旋转对筒体底部流场的扰动作用及对筒体底部介质的抽吸作用减弱。泵旋转对流体介质形成的牵连作用变弱，筒体底部固体颗粒运动的自由度变大，沿筒体壁面的附壁流动逐渐遭到破坏，因此固体颗粒运动状态变得更加紊乱。

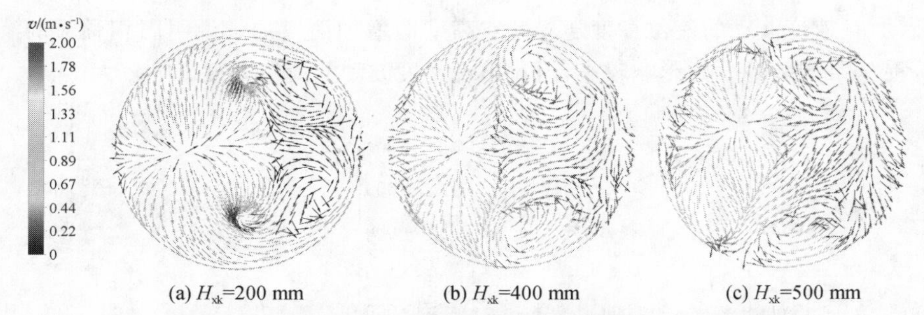

图 7.22　不同泵悬空高度条件下筒体底部固相颗粒的速度矢量分布

提取不同泵安装高度条件下通过 2 台泵的泵轴中心线上的固相颗粒速度分布，如图 7.23 所示。可以看出，不同泵悬空高度条件下筒体底部固相颗粒速度呈现非对称分布特征。泵悬空高度对筒体底部固体颗粒运动速度的影响较大，尤其体现在筒体底部与泵对应的区域内，当泵悬空高度增加到 400 mm 时，泵垂直区域内固相颗粒速度大幅度下降。由图 7.20 分析可知，泵悬空高度增加，筒体底部介质流动受到的扰动作用减弱，因此筒体底部固相颗粒速度的波动幅度减小。

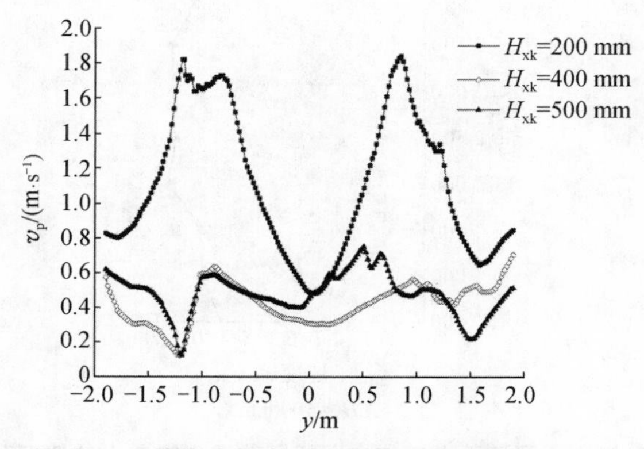

图 7.23　筒体底部中心线上的固相颗粒速度分布

图 7.24 为泵安装悬空高度分别为 $H_{xk}=200,400,500$ mm 条件下筒体底部的固相颗粒浓度分布图。3 种泵安装悬空高度条件下，图中两侧的固相浓度分布存在明显的差异，而且由于泵悬空高度的增加，泵旋转对筒体底部的固相搅拌扰动作用减弱，同时由于泵对底部固相颗粒吸入量减少，引起固相颗粒在筒体底部严重滞留并逐渐向浓度较低的一侧扩散。根据上述分析可知，为避免预制泵站筒体底部固相颗粒过度聚集而产生沉积现象，结合流速均匀度分析可知，应选用适当的泵安装悬空高度。

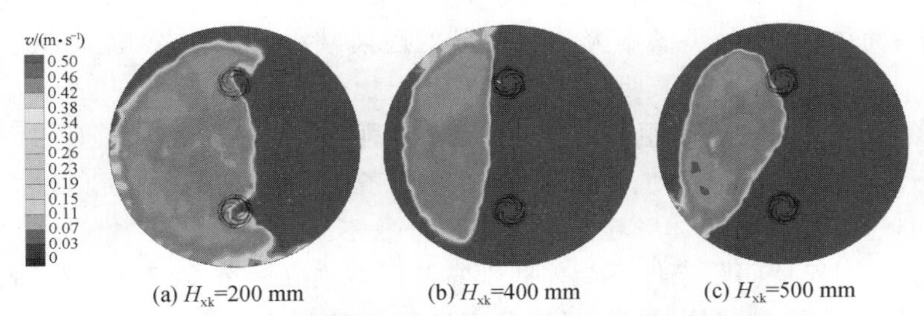

图 7.24　不同泵悬空高度条件下筒体底部的固相浓度分布

为进一步分析预制泵站筒体底部固相浓度的分布特征，提取不同泵安装高度条件下通过 2 台泵的筒体底部中心线上的固相浓度分布，如图 7.25 所示。可以看出，泵安装高度增加，筒体底部的固相颗粒浓度明显增大。当泵安装高度达到 400 mm 时，筒体底部局部区域内的固相颗粒浓度接近于 100%，说明此时该区域基本被固体颗粒占据。

综上分析固相颗粒速度和浓度分布可知，泵安装高度增加，筒体底部的固体颗粒速度减小，固体颗粒的浓度却明显增大，因此说明泵安装高度过大不利于泵输送固相介质，可能会在预制泵站内产生固相沉积。

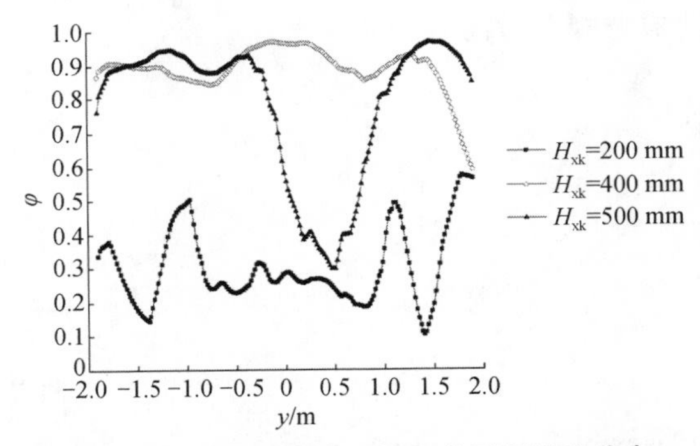

图 7.25　筒体底部中心线上的固相浓度分布

7.3 小结

本章基于第 4 章的数值模拟分析方法，分别对不同泵安装间距和不同泵悬空高度条件下预制泵站内复杂固液两相流动进行了模拟，分析了不同泵安装位置时固相颗粒的分布特征及泵安装位置对预制泵站泵输送性能的影响，讨论了最佳的泵安装位置，研究结果表明：

① 泵安装间距增大，泵运行效率提高，泵吸入口的固相和液相速度均匀度减小；筒体断面 S_4 上漩涡流动结构尺度逐渐减小直至消失，流动状态得到改善。对称分布的 2 台泵吸入时存在流动干扰现象。

② 随着泵的安装间距的增大，流动干扰强度减弱，泵吸入口上的固相浓度逐渐向着中心位置移动；不同泵安装间距条件下，泵进口的固相浓度和速度不同，进入泵内的固体颗粒所占的体积分数不同。

③ 不同安装间距条件下筒体底部右侧区域内固相浓度较高，而且固相浓度较高区域内流动速度较小；随着泵安装间距的增大，筒体底部固相颗粒浓度分布更加均匀，但固体颗粒速度并没有明显减小，有利于泵输送固体颗粒。

④ 不同泵安装高度条件下，泵的运行效率不同，泵吸入口固相和液相速度均匀度最大值均出现在泵安装高度为 400 mm 时；随着泵安装高度的增大，筒体断面 S_4 上的流动状态逐渐变差，出现冲击壁面流动和较大尺度的漩涡流动。

⑤ 随着安装高度的增大，泵对筒体底部介质的抽吸能力减弱，预制泵站筒体底部产生固相聚集现象；泵进口的固相浓度和速度同步减小，泵输送固相介质能力减弱，吸入的固体颗粒减少。

⑥ 泵安装高度较大时，不利于泵输送固相介质，泵安装高度增加，筒体底部固相颗粒速度减小，而固相颗粒浓度却明显增大，可能会在预制泵站内产生固相沉积，因此应选择合适的泵安装高度。

8 预制泵站的启动过程

预制泵站中配备的输送泵一般是液下泵，只有当预制泵站筒体中液位达到一定高度时才会开启。预制泵站筒体中液位随着预制泵站的运行不断变化，因此泵在预制泵站内工作过程中会频繁地启动，同时泵启动过程还会受到外部流场变化的影响。基于泵在预制泵站中的运行方式和运行环境，泵启动瞬态工作过程理应引起重视。本章对预制泵站中泵启动过程进行瞬态分析，研究启动过程中预制泵站筒体内和泵内流场瞬态演化过程。

8.1 启动过程瞬态计算设置

采用 ANSYS CFX 进行泵启动过程中的瞬态流场数值模拟，在泵安装间距 $L_0=2\ 000$ mm、悬空高度 $H_{xk}=200$ mm、固相体积分数 $\varphi=3\%$的条件下，对 2 种启动条件进行数值模拟计算。设定的 2 种启动条件分别为初次达到启泵液位时启动第一台泵；泵站入流流量增加时，在第一台泵的运行过渡到稳定状态后启动第二台泵。

泵正常启动时间设置为 $T_{tol}=2.2$ s，即泵叶轮转速从 0 增加到 740 r/min 所需时间为 2.2 s，求解过程中取计算的时间步长为 $\Delta t=0.002\ 2$ s。

为简化模拟过程，此处设转速随时间延长呈线性增加变化趋势[120]，启动过程中转速与时间的关系为

$$n(t)=n_0+\frac{n-n_0}{T_{tol}}t \tag{8-1}$$

式中：n_0——初始转速，r/min；

n——泵稳定转速，r/min。

8.2 计算结果与分析

8.2.1 启动过程中扬程与转速变化

计算获得的泵扬程随时间变化曲线如图 8.1 所示。

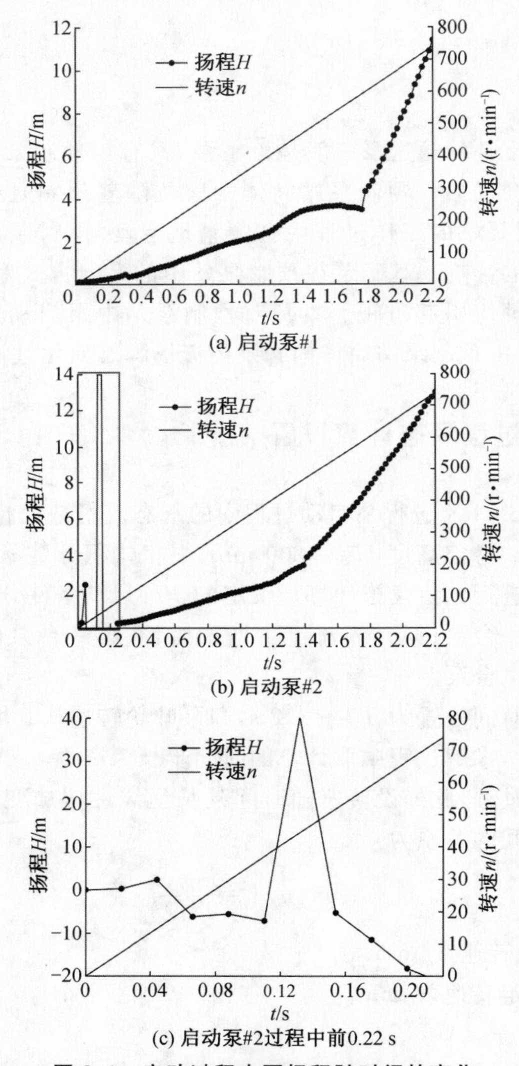

图 8.1 启动过程中泵扬程随时间的变化

图 8.1a 为只开启泵＃1 时的泵扬程变化曲线。整体上来看，在启动初始阶段，扬程上升较缓慢，启动过程的前 1.2 s，扬程仅上升约 3 m；从 1.2 s 增加到 1.8 s，即转速从 403 r/min 增加到 605 r/min，泵扬程增长出现轻微的波动，呈现先上升后略下降的趋势；从 1.8 s 到 2.2 s，泵扬程急剧上升，而且基本呈线性增长趋势，泵转速达到最大时，扬程也达到最高。从图中可以看出，在启动过程的前 1.8 s 时间内，泵扬程随时间的变化率小于转速的变化率，1.8 s 后，扬程随时间的上升较转速的增大快，说明在泵启动的初始阶段，扬程的变化存在滞后现象。

图 8.1b 为泵＃1 的转速为 740 r/min 时，泵＃2 的启动过程中的扬程随时间的变化。在启动过程的前 0.22 s，泵＃2 的扬程随时间变化呈现无规则变化，如图 8.1c 所示。泵＃2 的扬程在启动过程的前 0.22 s 时间段内呈现较大幅度的波动，该波动与泵＃1 的运行产生的扰动作用有关。当泵＃2 的转速达到 74 r/min 时，其扬程开始呈现较为规则的变化。泵＃2 的扬程随时间的变化可分为 2 个阶段，从 0.22 s 到 1.4 s，扬程增长较为缓慢；从 1.4 s 到 2.2 s，扬程增长相对较快。

对比 2 个启动过程，泵＃2 启动的最高扬程达到 13 m，明显高于泵＃1 的最高启动扬程，两者的最高扬程均满足设计要求。相较于泵＃1 的启动过程，泵＃2 启动过程中的 0.22～2.2 s 阶段内的扬程变化更为平缓，且不存在明显的突变，扬程受到的瞬时冲击较弱。

8.2.2 静压分布

图 8.2 所示为只开启泵＃1 时泵内的静压强分布随启动时间的变化过程。图中 t＝0.55，1.1，1.65，2.2 s 时刻对应的叶轮转速分别为 185，370，555，740 r/min。

在泵启动的各个时刻，叶轮进口处的静压强较低，由于叶轮旋转做功，叶轮流道内的静压沿径向逐渐增大，流体进入蜗壳后动能转换为压能，压力进一步增大。由于叶片与蜗壳之间的动静干涉作用，叶轮与蜗壳交界面上的压强分布不均匀。从图中可以看出，随着叶轮转速的增加，叶轮进口处的压强逐渐从正压下降为负压，而且泵进出口之间的压差随着叶轮转速上升而增大，这符合泵扬程的变化趋势。

图 8.3 为泵＃1 转速保持在 740 r/min 时，泵＃2 启动时的泵内静压分布随启动时间的变化过程。泵＃2 启动时泵内全流道压力分布趋势与泵＃1 启动时基本一致。对比 2 种启动状态可以看出，除 2.2 s 时刻外，泵＃2 内的压强最大值均小于对应时刻泵＃1 内的压强最大值。与泵＃1 相比，泵＃2 进口

处的压力更快达到负压。在 0.55,1.1 s 两个时刻,泵＃1 和泵＃2 的进出口压差基本一致;而在 1.65,2.2 s,泵＃2 的进出口压差明显大于泵＃1 的进出口压差。从以上现象可以推断,泵＃2 启动时受到泵＃1 旋转的干扰作用,导致泵＃2 与泵＃1 内的压力大小及分布均存在差别。

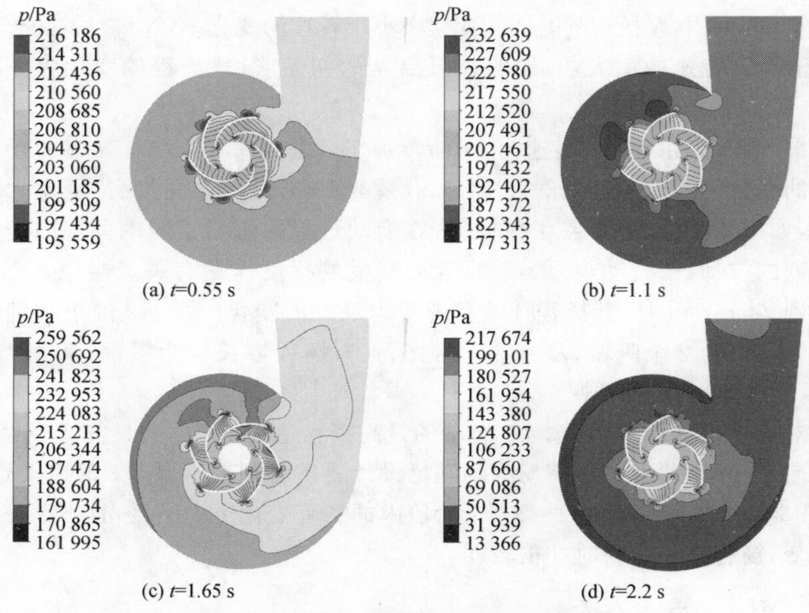

(a) t=0.55 s (b) t=1.1 s

(c) t=1.65 s (d) t=2.2 s

图 8.2 泵＃1 启动过程中的静压强分布

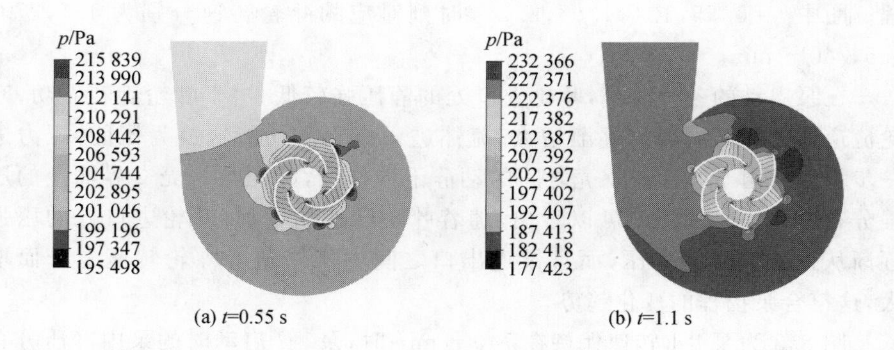

(a) t=0.55 s (b) t=1.1 s

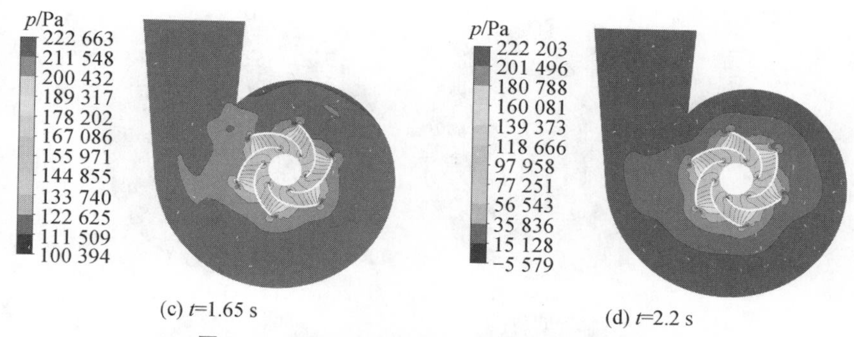

(c) t=1.65 s　　(d) t=2.2 s

图 8.3　泵＃2 启动过程中的泵内静压强分布

8.2.3　流线与速度分布

在泵的启动过程中，泵内的流动参数随着启动时间变化，同时筒体内的流动状态也会受到影响。图 8.4 和图 8.5 分别为在 2 种启动条件下，筒体断面 S_4 上的液相速度与流线分布。

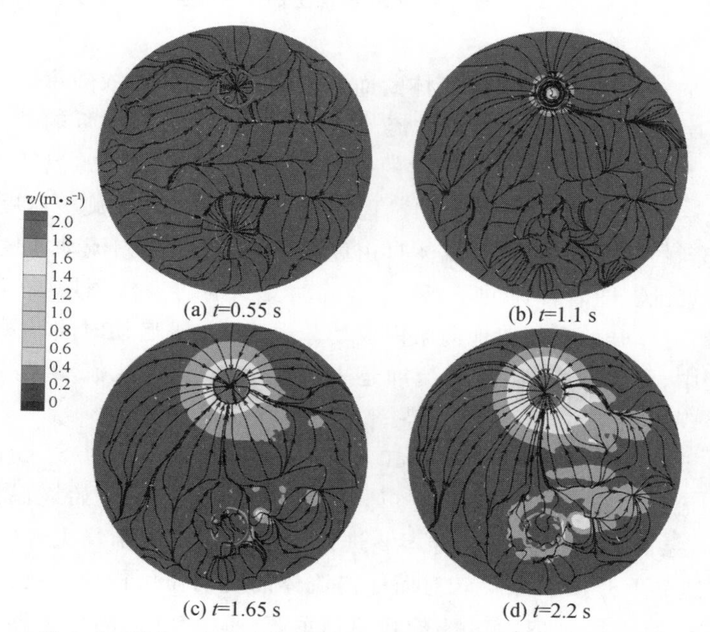

(a) t=0.55 s　　(b) t=1.1 s

(c) t=1.65 s　　(d) t=2.2 s

图 8.4　泵＃1 启动过程中 S_4 断面上的液相速度与流线分布

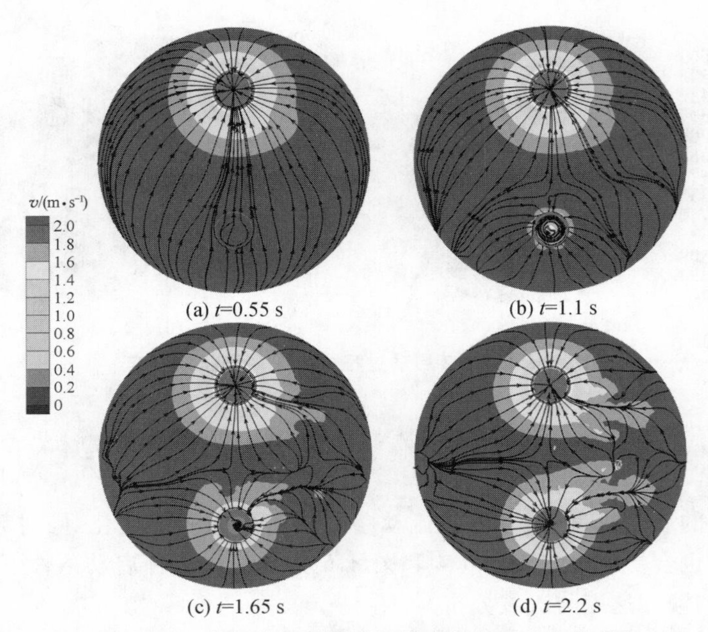

图 8.5　泵＃2 启动过程中 S_4 断面上的液相速度与流线分布

图 8.4 为只开启泵＃1 时筒体断面上的液相速度和流线随启动时间的变化。从图中可以看出，筒体内整体流动速度较低。泵进口附近的流速随着叶轮的转速上升而增大，且由于流动的牵连作用，附近区域内的流速也会受到影响。观察流线分布可知，在启动过程的前 0.55 s 内，叶轮旋转速度较小，流体流动受到的约束作用较弱，流体自由度较大，虽然筒体内流动速度较小，但流动较为紊乱。随着转速的不断上升，流动受到的约束作用增强，流线分布更加平滑，流体开始有规律地向泵内流动。由于泵＃1 启动时间较短，在整个启动过程中，泵＃2 进口附近的流动还未被完全约束，因此流动仍然不规则，但已经呈现出向泵＃1 流动的趋势。

图 8.5 为泵＃1 转速稳定在 740 r/min 时，泵＃2 启动时 S_4 断面上的液相速度和流线分布及变化情况。整体来看，泵＃1 进口附近始终保持一定的流速，随着泵＃2 的转速上升，泵＃2 进口附近的速度逐渐增大。同时，随着泵＃2 转速的上升，2 台泵旋转对筒体内流体的扰动作用构成干扰。在泵＃2 开始启动的前 0.55 s 内，泵＃1 的转速稳定在 740 r/min，断面上的流线分布比较均匀且规律。随着泵＃2 转速的上升，流动的规律性被破坏，这主要是由于泵＃2 对其附近流动的扰动作用增强，与泵＃1 形成的稳定流动之间形成

干扰，导致整个筒体内的流动变得紊乱。对比2种启动状态来看，泵#2启动过程中，筒体内的流动更加稳定。

图8.6所示为启动泵#1启动过程中泵吸入口的固相体的轴向速度分布。图8.7所示为启动泵#2启动过程中泵吸入口固相颗粒的轴向速度分布。在启动初期，泵的转速较低，泵的抽吸作用不足以完全平衡由于重力作用导致的颗粒沉降速度，因此泵吸入口的固体颗粒仍然以较小的速度向泵进口的反方向运动。随着泵转速的上升，泵的抽吸能力增强，固体颗粒开始向泵内运动，因此固相颗粒的轴向速度变为正向，且随着转速的上升而增大。从图中可以看出，在泵吸入口的壁面处仍然存在着反方向运动的固相颗粒，这是由于在壁面处存在碰撞和摩擦，从而导致颗粒动能的损失。

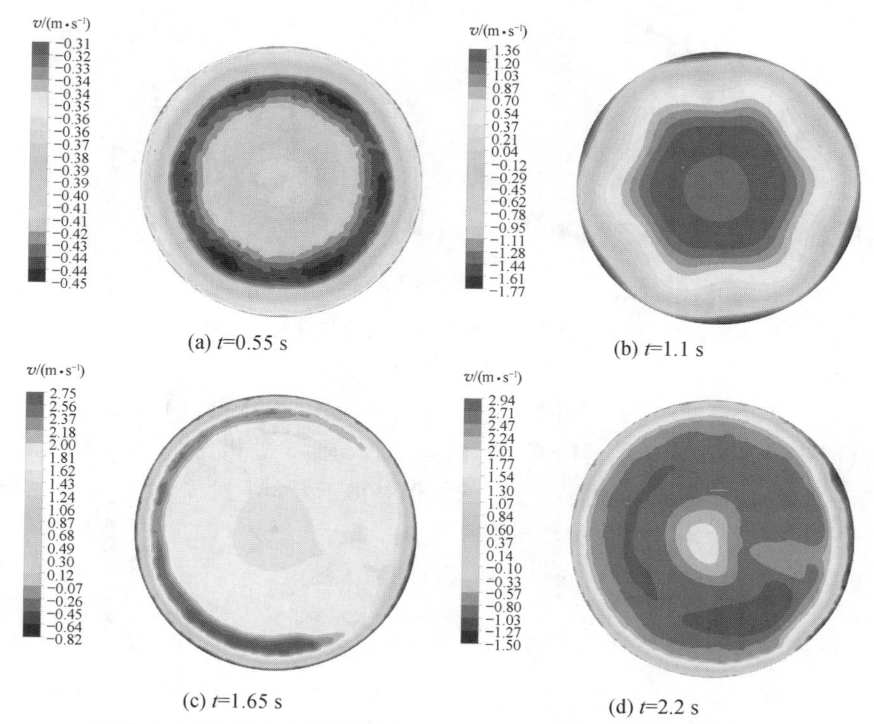

图8.6 启动泵#1启动过程中泵吸入口固相颗粒的轴向速度分布

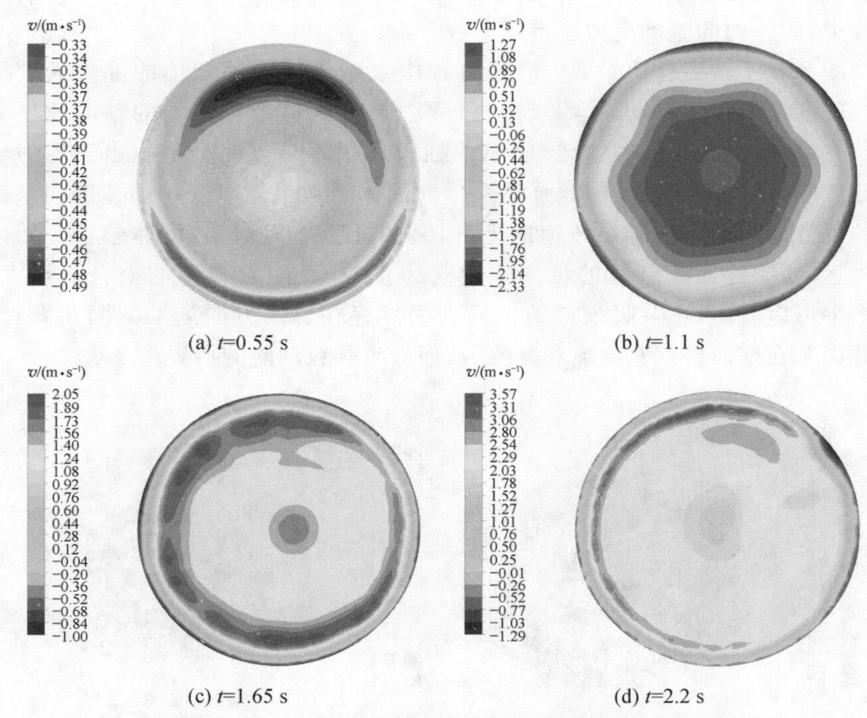

图 8.7　启动泵＃2 启动过程中泵吸入口固相颗粒的轴向速度分布

对比 2 种启动状态，在泵＃2 启动的初始阶段，由于泵＃1 的抽吸和重力的共同作用，固体颗粒主要向泵＃1 内运动。与泵＃1 相比，泵＃2 在启动阶段吸入口的固体颗粒的轴向速度更低。但是由于泵＃1 对筒体内的固体颗粒的扰动和分散作用，随着泵＃2 转速的上升，泵＃2 吸入口的固体颗粒的轴向速度增加，且最高速度高于泵＃1 吸入口的最大速度。

8.2.4　固相浓度分布

图 8.8 所示为预制泵站中泵＃1 启动过程中，叶片吸力面和压力面上的固相浓度分布。随着叶轮转速从 0 增加到 740 r/min，泵的抽吸作用和对周围流体的扰动作用逐渐增强，更多的固相颗粒跟随着液体被吸入泵中，因此叶片吸力面和压力面上的固相浓度均逐渐上升。对比各时刻叶片压力面和吸力面上的固相浓度分布可以看出，压力面上的固相浓度始终高于吸力面上的固相浓度，且吸力面上的固体颗粒主要集中在叶片进口处。

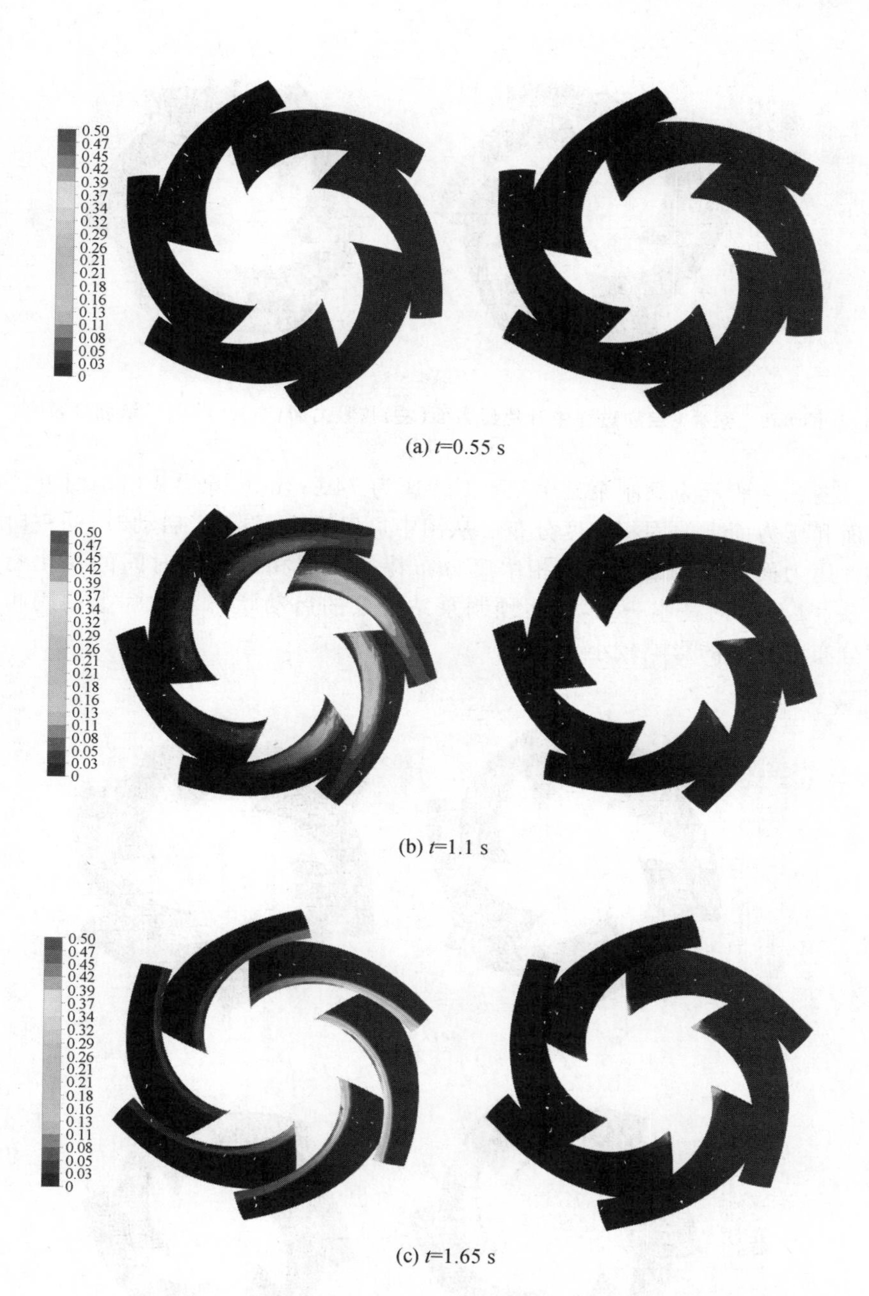

(a) t=0.55 s

(b) t=1.1 s

(c) t=1.65 s

(d) t=2.2 s

图 8.8　泵 #1 启动过程中叶片压力面(左)和吸力面(右)上的固相浓度分布

图 8.9 所示为预制泵站中泵 #1 转速为 740 r/min,泵 #2 启动时叶片吸力面和压力面上的固相浓度分布。从图中可以看出,泵 #2 启动时,同一时刻叶片压力面和吸力面上的固相浓度分布特征及固相浓度随时间的变化趋势与泵 #1 启动时基本一致,说明预制泵站中泵的启动状态对叶片上的固相浓度分布和变化的影响较小。

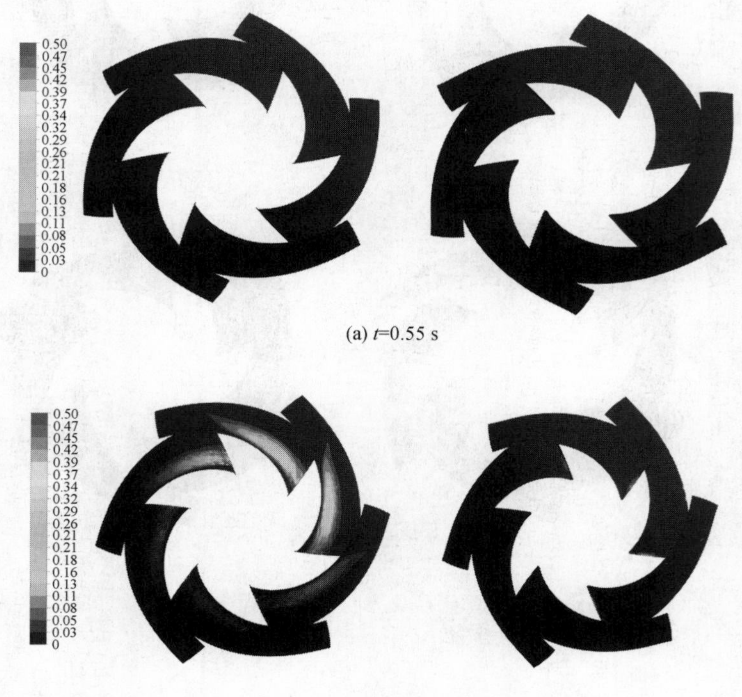

(a) t=0.55 s

(b) t=1.1 s

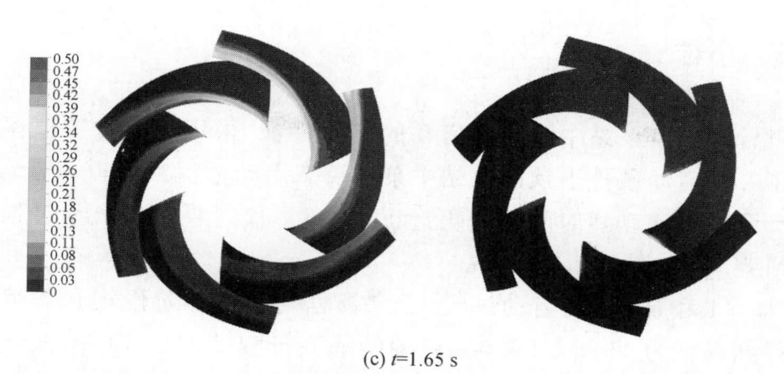

(c) t=1.65 s

图 8.9　泵＃2启动过程中叶片压力面(左)和吸力面(右)上的固相浓度分布

8.2.5　径向力分析

图 8.10 所示为泵＃1 和泵＃2 启动过程中叶轮上所受的径向力随时间的变化曲线。由于泵在加速过程中其内部流动的不稳定性，导致叶轮上受到的径向力随着转速的上升整体呈现波动增长的趋势。从图中可以看出，在启动过程的前 1.4 s，泵＃1 和泵＃2 在 2 种启动状态下叶轮上的径向力大小和增长趋势基本一致。随着转速进一步上升，泵吸入介质的量增多，泵＃1 启动过程其叶轮上受到的径向力大于泵＃2 启动过程叶轮上受到的径向力。由于泵＃1 和泵＃2 对称布置在筒体内，且启动曲线相同，因而 2 台泵叶轮上受到的径向力大小和变化趋势应相同，但由于泵＃2 启动的同时泵＃1 稳定在 740 r/min 下运行，势必影响泵＃2 启动时的外部流场，造成流场中固相分布和固液两相流速等流动参数与泵＃1 启动时存在差异，从而导致泵＃1 和泵＃2 叶轮上受到的随转速变化的径向力存在较大差异。

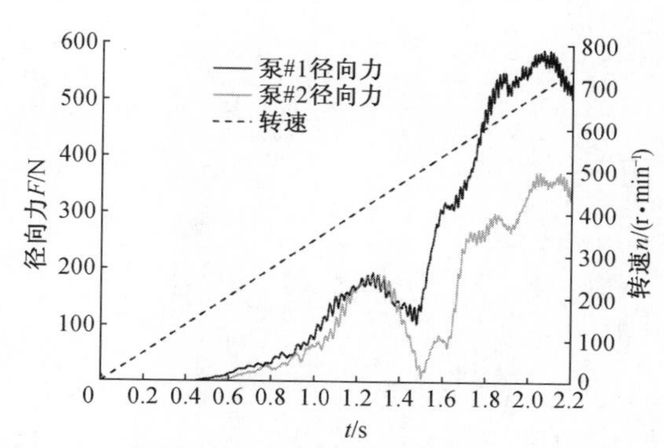

图 8.10　启动过程中叶轮上的径向力合力随时间变化

8.3 小结

本章针对预制泵站中泵频繁启动的工作特征,采用非定常数值模拟的方法研究了2种启动条件下预制泵站中泵的瞬态启动过程。分析了启动过程中筒体内和泵内的流动随时间的演化过程,研究了预制泵站内启动过程的瞬态流动。研究表明:

① 泵#1和泵#2的启动过程中,泵扬程均呈现多阶段增长趋势,泵#1启动的最高扬程为11.4 m,泵#2启动的最高扬程达到了13 m,两者的最大扬程均满足设计要求。

② 在启动过程中,随着叶轮转速上升,泵#1和泵#2叶轮流道内压力逐渐从正压下降为负压,而且泵进出口压差随着叶轮转速上升而增大;泵#2启动时受到泵#1旋转的干扰作用,所以2台泵内的压力大小和分布存在差异。

③ 泵#1在启动加速阶段,筒体内流动受到的约束作用逐渐增强,流线分布逐渐平滑,流体开始有规律地向泵内流动;在泵#2的启动加速阶段中,对周围流场产生扰动作用,流动的规律性被破坏。

④ 在泵#1和泵#2的启动过程中,泵抽吸能力随转速上升而增强,泵吸入口的固体颗粒的轴向速度逐渐从负向转变为正向;叶片吸力面和压力面上的固相浓度均逐渐上升,且压力面上的固相浓度始终大于吸力面上的固相浓度。

⑤ 随着叶轮转速的上升,叶轮上受到的径向力合力整体呈现出波动增长的趋势;在启动过程的前1.4 s,泵#1和泵#2叶轮上的径向力大小和增长趋势基本一致,随着转速进一步上升,泵#1叶轮上受到的径向力大于泵#2叶轮上受到的径向力。

9 多筒体预制泵站性能分析

9.1 流动计算域网格划分

本研究设计的大流量工况一体化预制泵站，为克服筒体尺寸的限制，将4个筒体连接成一个整体，整个泵站的结构尺寸较大。同时，在同一筒体内、筒体与筒体之间、筒体与进出口管道之间均存在相互作用，并由此引发复杂的流动现象。考虑到过流部件之间的形状差异与运行特征差异，仍然采用非结构化网格对流动计算区域进行网格划分。为了能更加准确地模拟泵站流道内的流动结构，在叶轮流道、筒体进口处、泵进口处等关键位置进行了局部网格加密，同时在各个子区域的交界面处调整网格，保证数据传递的有效性。

各个计算子区域的网格及设计的顺序并联和对称并联2种方案的网格划分如图9.1所示。

(a) 泵流动区域网格

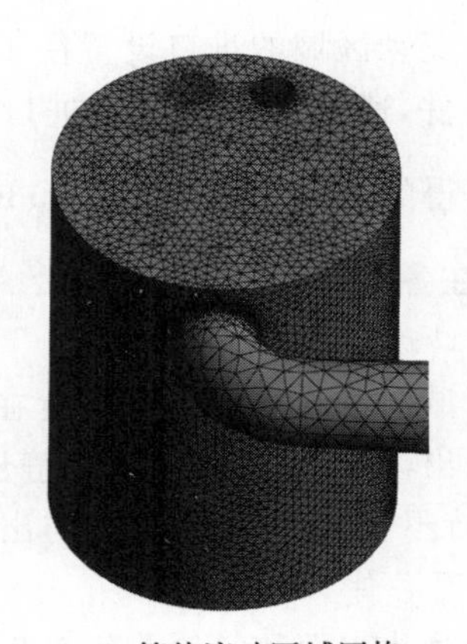

(b) 筒体流动区域网格

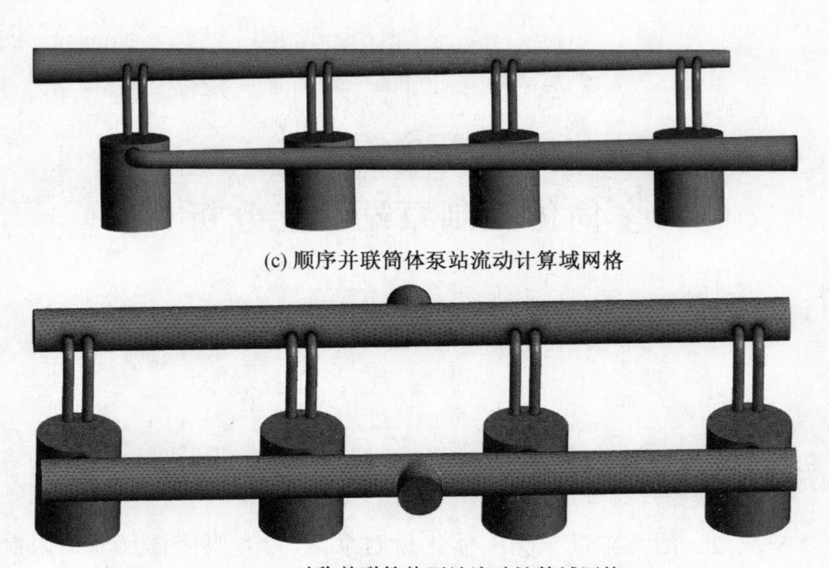

(c) 顺序并联筒体泵站流动计算域网格

(d) 对称并联筒体泵站流动计算域网格

图 9.1　多筒体一体化预制泵站计算域网格

9.2　边界条件设置

对于顺序并联和对称并联 2 种方案，边界条件和收敛判据的设置相似。本研究中仍然采用定常计算方法对泵站全流道内的流动进行求解。

(1) 进口边界条件

将整个流动区域的进口设置在 4 个筒体总进口管道的入口处，采用速度进口边界条件，速度大小由泵站进口流量和进口管道的截面积求得，即 $v=\frac{q}{\pi r^2}$，计算获得的进口速度大小为 1.369 m/s。各筒体流量的分配由数值模拟自动求出，在各个筒体内设置相同的初始液面高度。

(2) 出口边界条件

将计算域的出口边界条件设置在总出口管道的出口处，4 个筒体中的出流汇聚入总出口管道；出口处采用静压强出口边界条件，设定压强为 1 个标准大气压，保持不变，流体流动方向与出口面的法线方向平行且指向下游。

(3) 壁面条件

将叶轮叶片表面和叶轮前后盖板设置为旋转壁面，将筒体、蜗壳壁面、泵进出口管道和总进出管道设置为非旋转壁面，在与流动介质接触的固壁处采用无滑移边界条件，并采用标准壁面函数处理近壁区域内的流动。

设置边界条件后的泵站全流道流动区域的模型如图 9.2 所示。

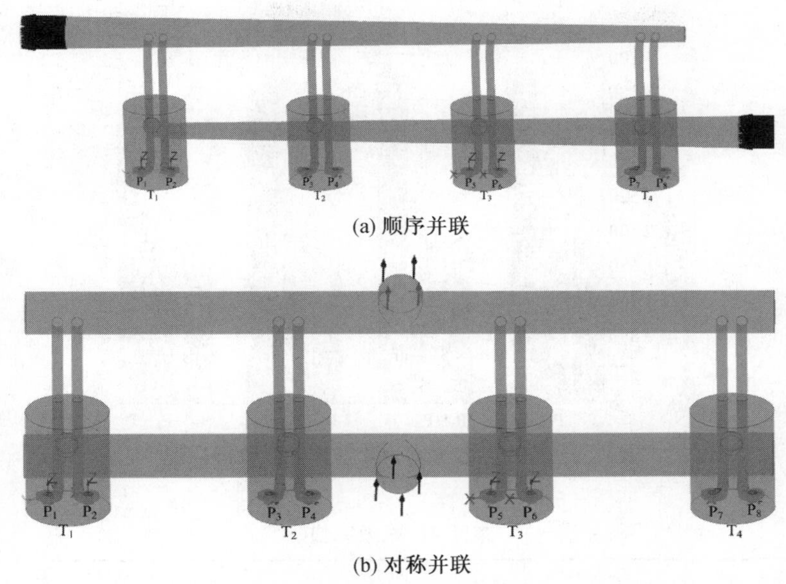

(a) 顺序并联

(b) 对称并联

图 9.2　设定边界条件的计算域

9.3　顺序并联方案模拟结果与分析

9.3.1　流量及效率分析

图 9.3 为顺序并联方案的计算结果。相邻 3 个柱形图为同一筒体内 2 台泵各自的出流流量及该筒体的总出流流量。当筒体总流量为 3 924 m^3/h 时，相邻 2 台泵的流量差出现最大值，为 108 m^3/h；当筒体流量为 3 780 m^3/h 时，相邻 2 台泵流量差出现最小值，为 36 m^3/h。从图中可以看出，筒体内的流量越大，则相邻两泵之间的流量差越大。由于距离总进口管道的距离不同，因而各筒体的流量分配不均匀；同时，距离泵站总进口的距离越远，筒体所获得的流量越大。

由于一体化预制泵站由多个子系统组成，无法准确计算出整个泵站的总效率，但水泵机组是泵站功能实施的主要系统，也是泵站中的主要耗能设备，同时本书主要研究一体化预制泵站内部的复杂流动，因此只考虑影响流动的关键部件泵的效率。表9.1所示为筒体中各台泵的效率，即泵输出功率与轴功率比值。对比效率值可以看出大流量工况下两泵之间的相互干扰较明显，同时筒体的流量越大，两泵之间的干扰越严重。

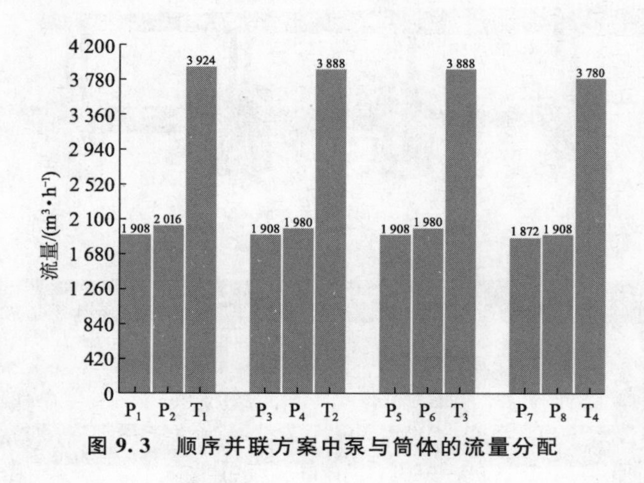

图9.3 顺序并联方案中泵与筒体的流量分配

表9.1 泵效率值

顺序并联	T_1		T_2		T_3		T_4	
	P_1	P_2	P_3	P_4	P_5	P_6	P_7	P_8
η	0.83	0.87	0.83	0.87	0.83	0.87	0.85	0.87

9.3.2 流动分析

图9.4为顺序并联方案中8台泵进口管处的速度分布。P_1，P_3，P_5 和 P_7 分别对应4个筒体中同一位置处的泵的进口管；P_2，P_4，P_6 和 P_8 对应另外4台泵的进口管。可以看出，泵进口管处的速度分布规律性明显，在每一个进口管的中心位置存在着低速区域，这与圆管内速度的典型分布特征相反；处于同一位置的4台泵的进口管处速度分布特征不同，说明各自的运行工况有差别。在同一筒体内，2台泵的进口管中心位置的低速区域面积略有不同。同时可以看出，对于布置在各筒体同一位置上的4台泵，进口管中心位置处的低速区域面积随距离总进口管入口的距离减小而增大。由于受到流动边界层的影响，进口管壁面附近的速度低，且速度梯度较大，在每一个筒体内的2台泵中，存在一台泵，其进口管壁面附近的速度梯度明显大于另一台泵的对应值，速度等值线更为密集。从图中可以看出，进口管处流速最高的区域呈现环状形态，且每台泵的进口管的速度分布特征相似，只是流速值存在差异。

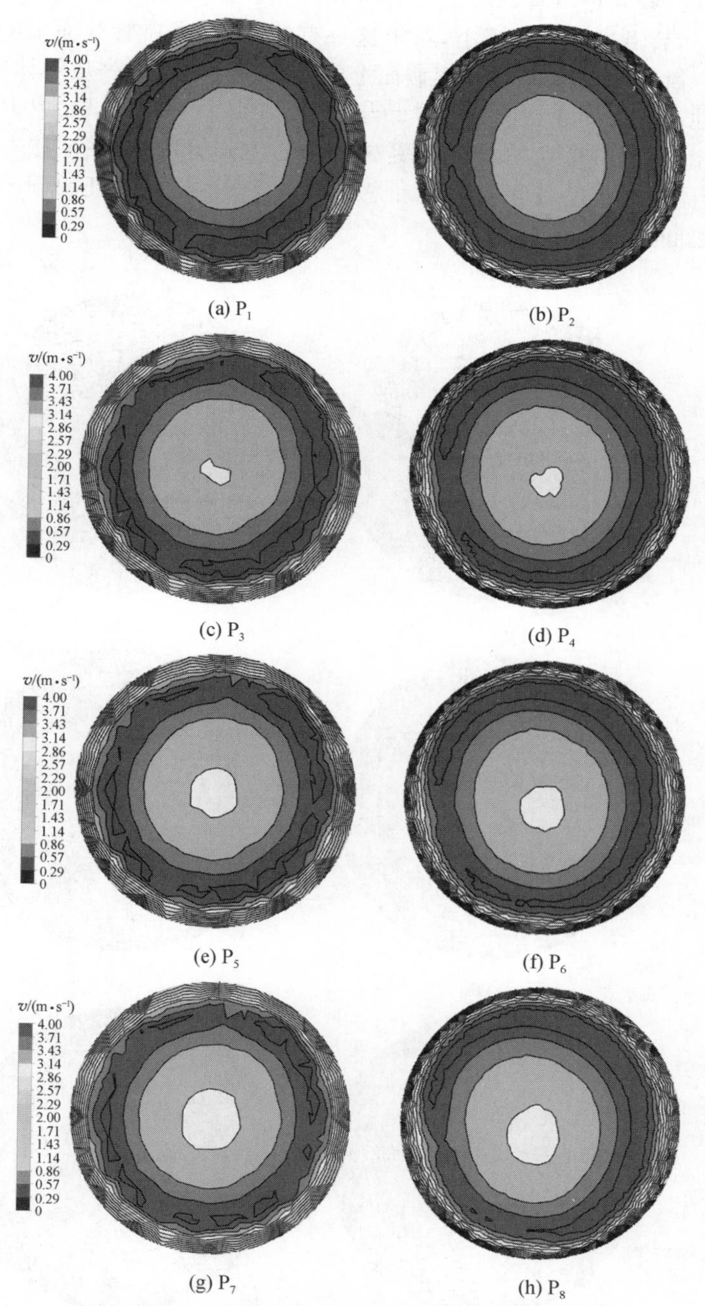

图 9.4　顺序并联方案泵进口的速度分布

图 9.5 为各泵进口管截面上的总压强分布。可以看出，截面中间部分总压强较高，然后沿半径方向减小，对于这一点，各个泵进口管截面上的分布相似。在同一筒体内，2 台泵进口管截面上的总压强分布不同。从筒体来看，T_1 筒体和其他筒体之间存在明显差异。与之对应，T_1 筒体内的 2 台泵 P_1 和 P_2，与其他泵相比，进口管处的总压强更高。由上述分析可知，在顺序并联方案中，同一筒体中两泵进口管的速度和总压强分布不同，可以证明同一筒体内的 2 台泵之间存在相互干扰。

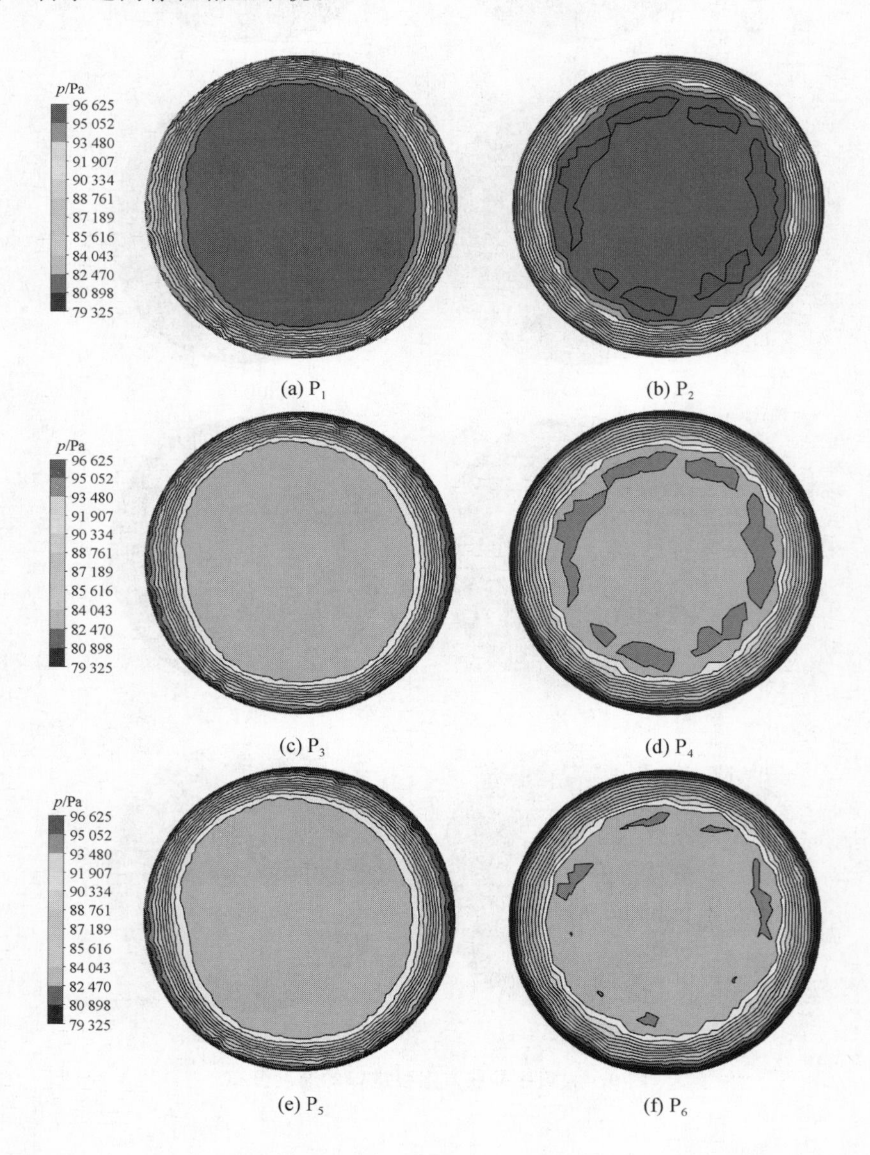

(a) P_1　(b) P_2

(c) P_3　(d) P_4

(e) P_5　(f) P_6

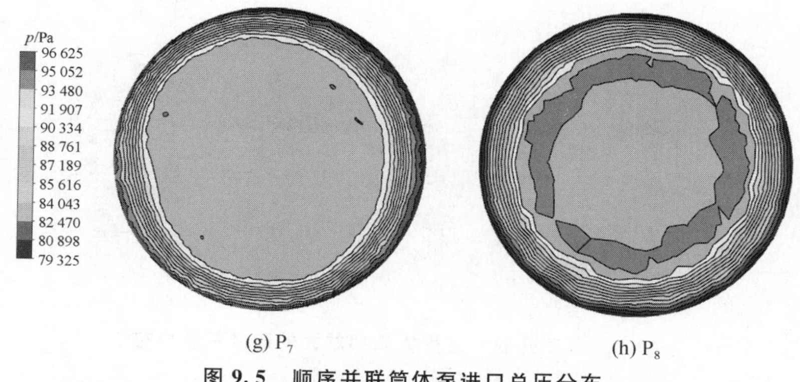

(g) P_7　　(h) P_8

图 9.5　顺序并联筒体泵进口总压分布

顺序并联方案中，4 个筒体底部的速度矢量分布如图 9.6 所示。由于泵叶轮的旋转和泵的抽吸作用，再加上筒体的空间有限，因而各个筒体底部流动都存在漩涡；从排污的角度，漩涡能够搅拌沉积物，从而缓解甚至预防沉积。筒体底部的最高流速出现在与泵进口对应的投影面上，流速均在 0.3 m/s 以上。据此可以判断，筒体底部的流动状态有利于减少沉积。各个筒体中的流动状态相似，表明尽管各个筒体的流量不同，但对筒体底部流动的影响较小。在每个筒体中可以看出存在流动形态相对于 2 台泵的不对称性。与单一筒体内的两泵同时运行的情况相比，此处的流动状态较为均匀，这与两泵之间的相对位置，以及两泵在筒体内的布置方式有关。

在数值模拟结果中提取了顺序并联方案筒体轴截面的速度矢量分布，如图 9.7 所示。由图可以看出，介质进入筒体时的流速较高，这一点在图 9.7b 中呈现得尤为明显。同时，在筒体上半部分流动区域中，流动的自由度大，所以出现了大尺度的漩涡结构，结构的形态与筒体的流量相关。因为每个筒体内的流量不同，所以漩涡结构的尺度和形态不同。

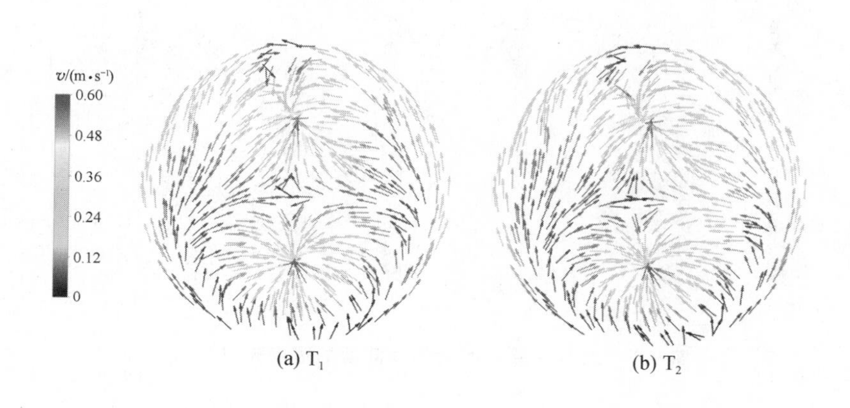

(a) T_1　　(b) T_2

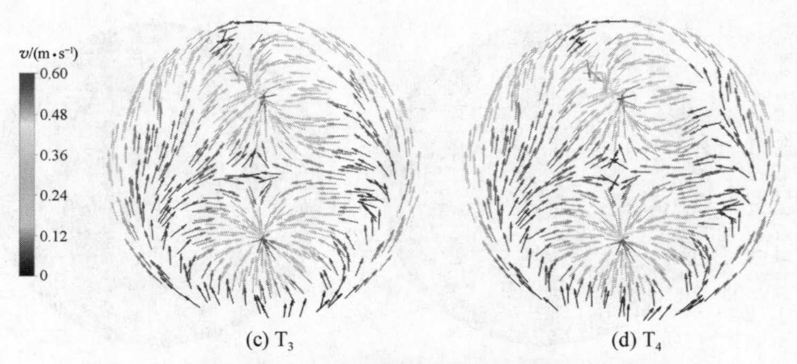

(c) T_3　　(d) T_4

图 9.6　顺序并联方案筒体底部截面的速度矢量分布

介质通过泵站的总进口管道依次分配给 4 个相同的筒体，通过每个筒体的进口，介质以一定的速度进入筒体，介质的压力和流动阻力不同，致使每个筒体进口的介质流速不同。在 4 个筒体中，T_4 筒体距离总进口管道入口最近，筒体进口的流速为 4 个筒体中的最大值；T_1 筒体距总进口管道入口处最远，筒体进口的流速为 4 个筒体中的最小值。

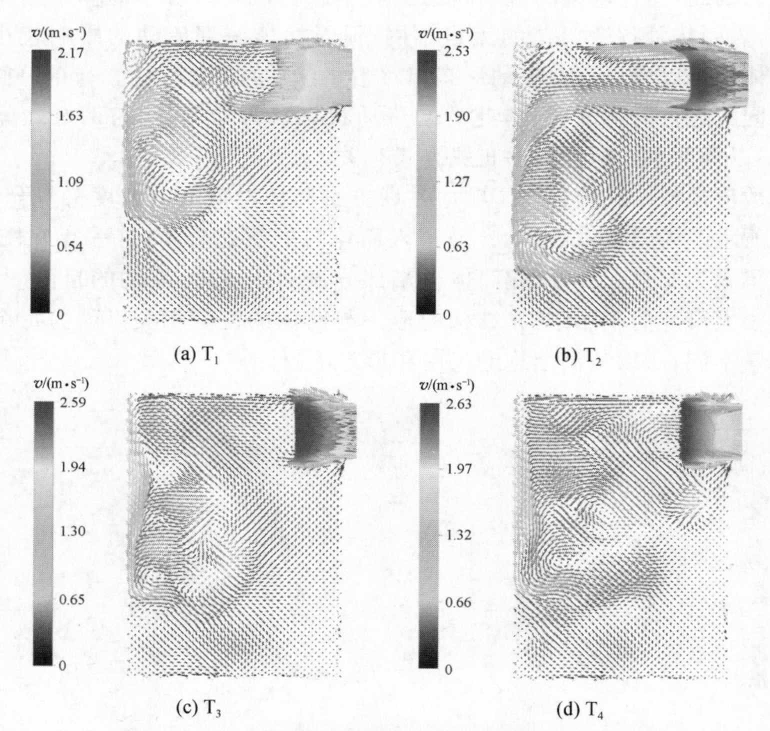

(a) T_1　　(b) T_2

(c) T_3　　(d) T_4

图 9.7　顺序并联方案筒体轴截面的速度矢量分布

在图 9.7 中，水流进入筒体时会对筒体内原有的介质构成扰动，引发大尺度的旋流结构(见每个图中的左侧部分)；当流速较高时，入流不但影响原来的介质，还有可能冲击筒体壁面，从而可能诱发结构振动。尽管每个筒体的设计和制造条件一样，但每个筒体的运行参数和工作状态不同。

对于顺序并联方案，同样进行了每个筒体内 2 台泵之间的相互干扰分析，图 9.8 所示为各个筒体内各泵流道内的空间流线图。从图中可以看出，在每一个筒体内，2 台泵叶轮流道内的流线分布形态存在差异，其中一台泵叶轮流道内的流线比较密集，另一台则较为稀疏，说明流动速度梯度存在局部差异，同时表明 2 台泵的工作状态不同，或者说两泵之间存在相互干扰现象。同时，尽管叶轮流道内流线分布存在差别，但蜗壳内的流线分布态势相似。整体来看，不同筒体之间的流线分布较为均衡。

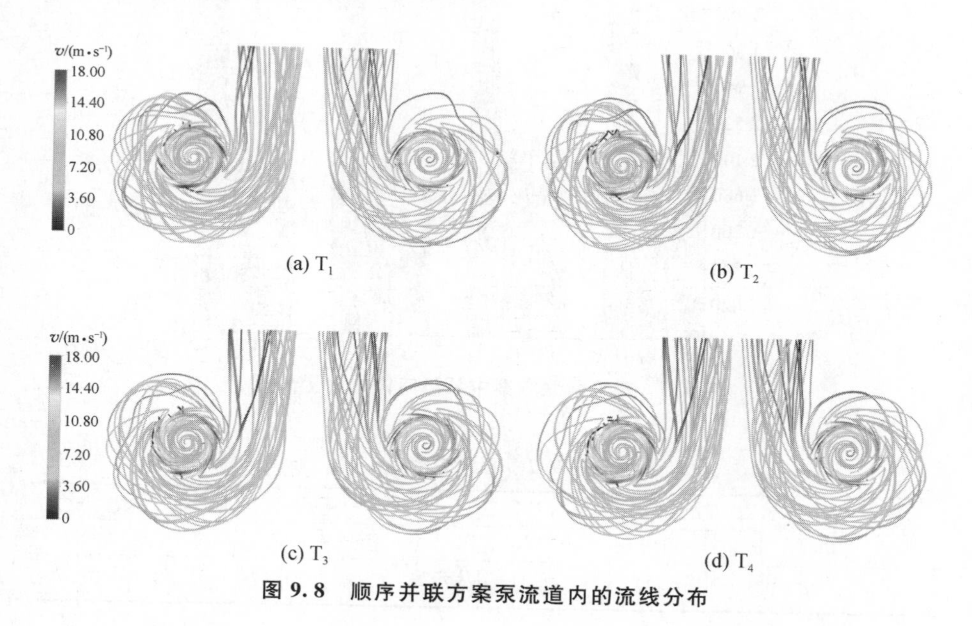

图 9.8 顺序并联方案泵流道内的流线分布

9.4 对称并联方案模拟结果与分析

9.4.1 流量及效率分析

图 9.9 所示为数值模拟获得的对称并联方案中的流量分配情况。相邻 3 个柱形图为同一筒体中的 2 台泵各自的出流流量及该筒体的总出流流量。

当筒体出流流量为 3 888 m^3/h 时，其内 2 台泵的流量差出现最大值，为 72 m^3/h；当筒体出流流量为 3 852 m^3/h 时，其内 2 台泵的流量差出现最小值，为 36 m^3/h。与顺序并联方案相比，筒体内分配得到的最大流量减小，而筒体内分配得到的最小流量增大，所以对称并联方案有助于提高流量分配的均匀性。表 9.2 所示为各泵的效率值，对称并联方案同样出现了与顺序并联方案相似的结果，即大流量工况下两泵之间的相互干扰较明显，但对称并联方案较顺序并联方案泵流量差距缩小；可以看出，筒体流量越大，两泵之间的干扰越严重，这与顺序并联方案相似。2 种方案的另一相似点是，距离泵站总进口管道的距离越远，筒体所分得的流量越大。

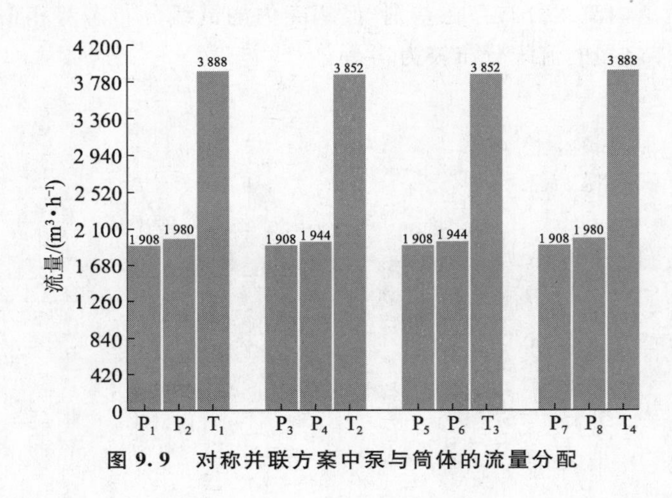

图 9.9 对称并联方案中泵与筒体的流量分配

表 9.2 各泵效率值

对称并联	T_1		T_2		T_3		T_4	
	P_1	P_2	P_3	P_4	P_5	P_6	P_7	P_8
η	0.83	0.87	0.83	0.87	0.83	0.87	0.83	0.87

9.4.2 流动分析

在对称并联方案的数值模拟结果中提取了 8 台泵进口管处的速度分布，如图 9.10 所示。P_1 和 P_8、P_2 和 P_7、P_3 和 P_6、P_4 和 P_5 为不同筒体内对应位置的 2 台泵。

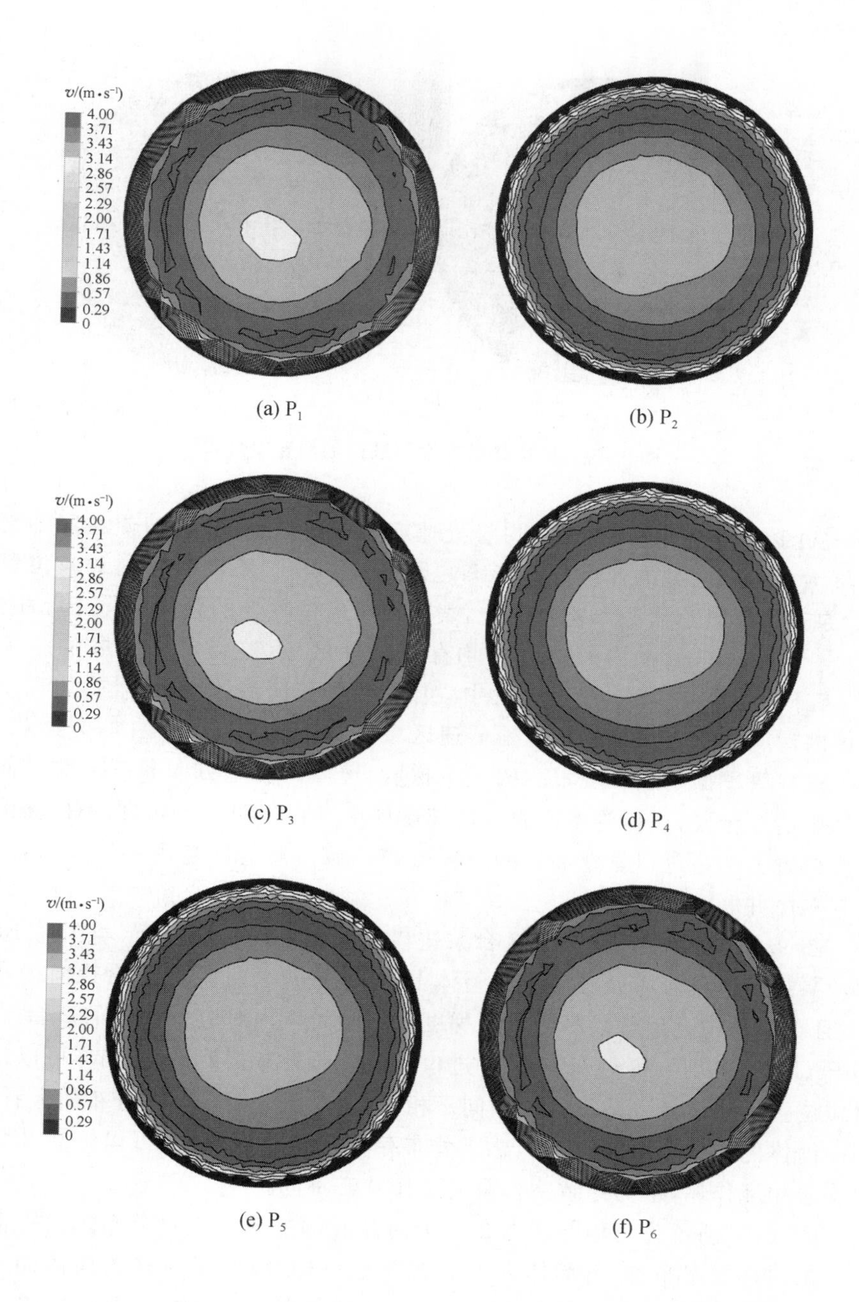

(a) P_1 (b) P_2

(c) P_3 (d) P_4

(e) P_5 (f) P_6

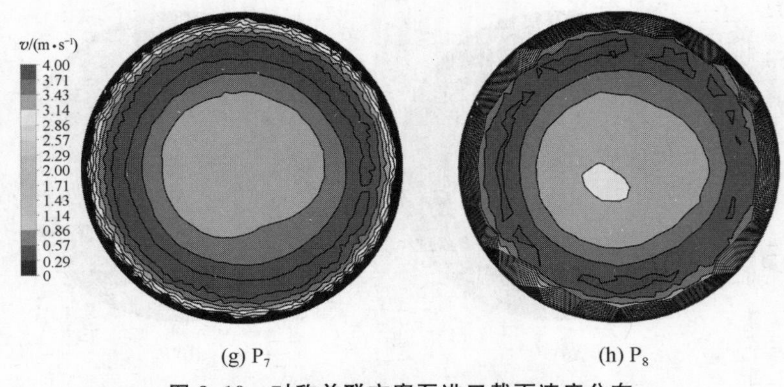

(g) P_7　　(h) P_8

图 9.10　对称并联方案泵进口截面速度分布

从图 9.10 可以看出,泵进口管处速度分布规律性较弱,即使在同一筒体内,2 台泵进口管处的速度分布形态也不同;但是,在不同筒体内对应位置的 2 台泵进口管处速度分布基本一致,表明在对应位置上的泵的运行工况相似。在每一个泵进口管的中心位置处均存在低速区域,这与顺序并联的结果相似。在同一筒体中,2 台泵进口管中心位置处低速区域的面积不同,但在不同筒体内对应位置上的泵进口管处低速区域面积一致。与顺序并联方案相似,在泵进口管壁面附近出现较高的速度梯度,速度向管壁方向骤减。对于同一筒体中的 2 台泵,进口管壁面附近的速度梯度存在着明显差异,但不同筒体内对应位置上的泵进口管壁面处的速度分布一致。高速区呈现环形分布,这一点与顺序并联方案相似。

图 9.11 为对称并联方案 8 台泵进口管截面上的总压分布,与图 9.10 所示的泵进口速度分布相呼应。从整体上看,泵进口管处的总压沿径向逐渐减小,且在壁面附近出现较高的总压梯度。不同筒体内对应位置上的 2 台泵 P_1 和 P_8、P_2 和 P_7、P_3 和 P_6、P_4 和 P_5 进口管处总压分布相似,因此同样可以认为对应位置上的 2 台泵运行工况相同。相反,从总压分布和速度分布图上看出,同一筒体内的 2 台泵的速度和总压分布存在明显差异,由此可以推断 2 台泵存在着相互作用,从而导致 2 台泵的工作状态不同。

图 9.12 所示为对称并联方案 4 个筒体底部的速度矢量分布。由于筒体呈两两对称形态布置,各筒体内泵的布置也一样,因此相对称的筒体的工作状态基本一致,从而相对称的筒体底部流动现象也基本相同。从图 9.12 可以看出,筒体底部流速均在 0.3 m/s 以上,0.3 m/s 以上流速覆盖的区域更大,因此筒体中发生沉积的可能性更小。另外,各筒体内的速度矢量分布形态基

本一致，同一筒体内两侧的流动状况存在明显的不同，左侧流动有规律，右侧流动却较为混乱，这与泵的抽吸作用在筒体内流场中形成的扰动密切相关，这一点可以从速度矢量图上靠近筒壁处出现的第三方向速度推断得出。

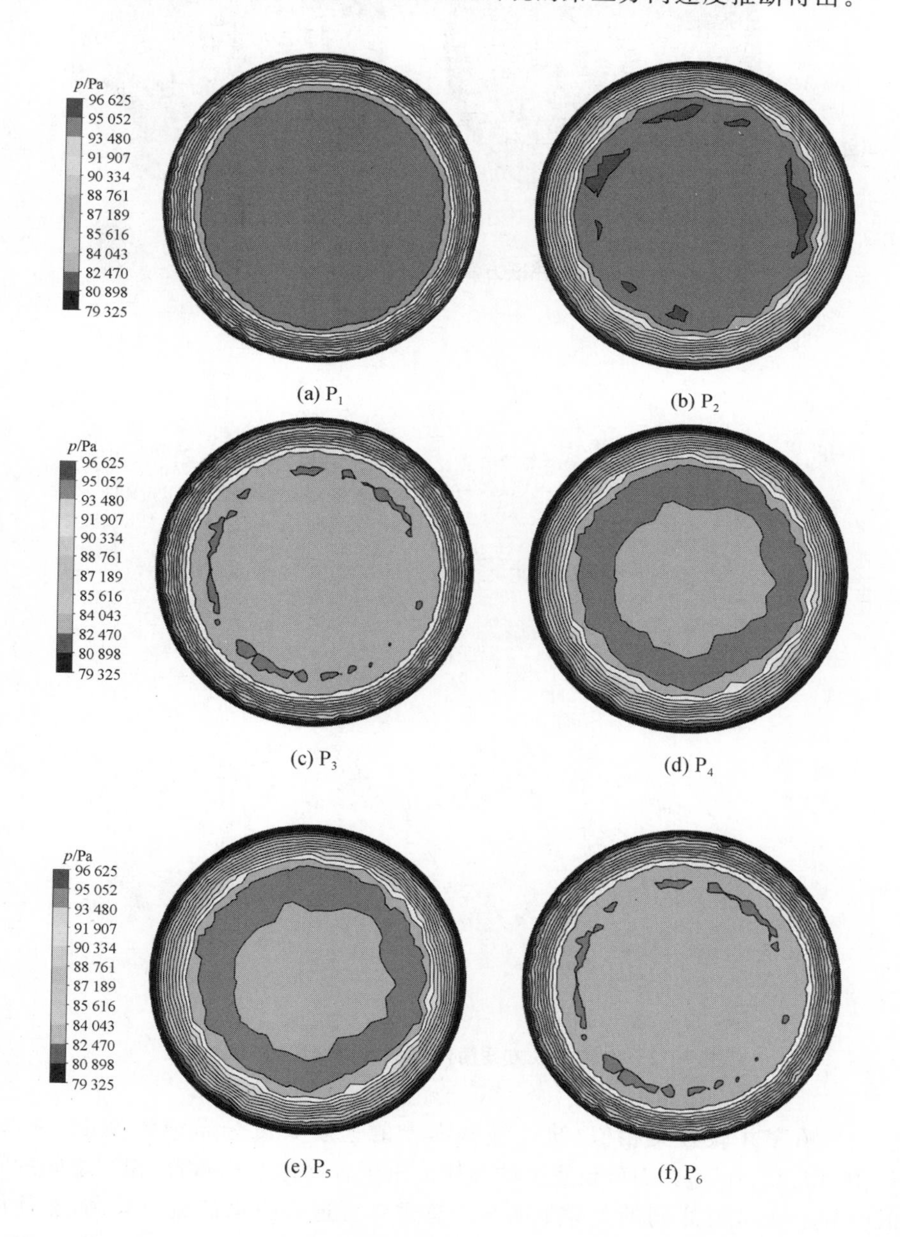

(a) P_1 (b) P_2

(c) P_3 (d) P_4

(e) P_5 (f) P_6

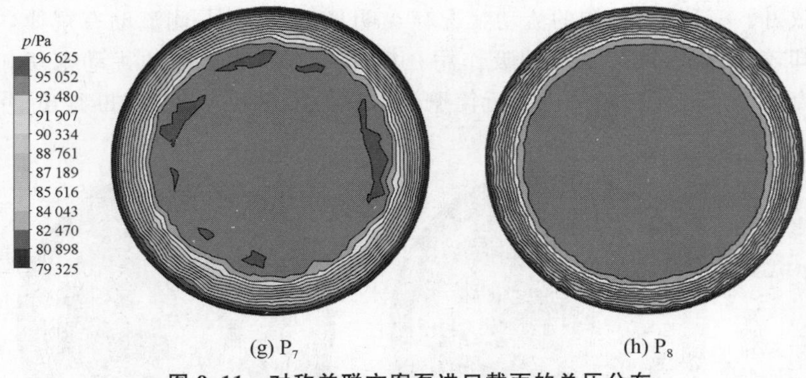

图 9.11　对称并联方案泵进口截面的总压分布

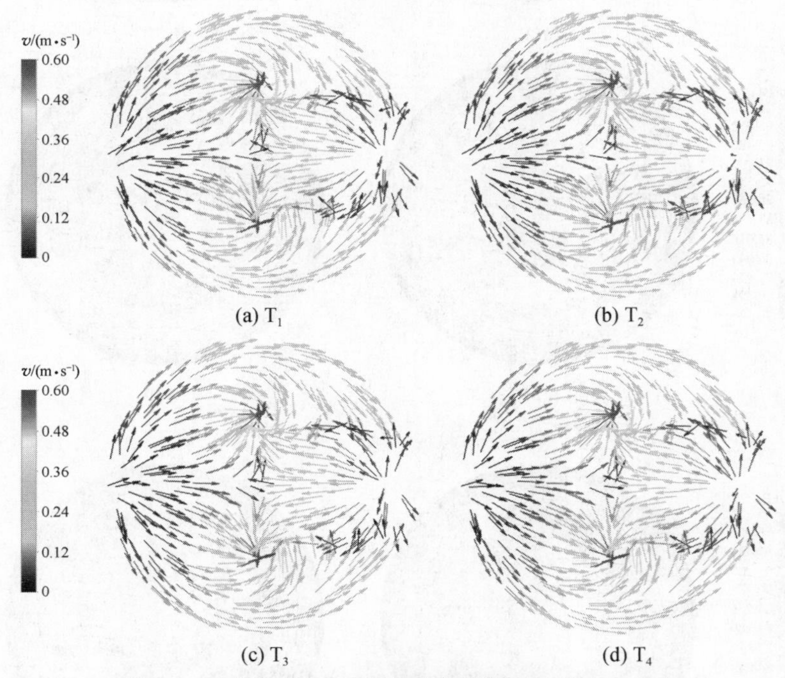

图 9.12　对称并联方案筒体底部截面速度的矢量分布

与顺序并联方案相似，筒体轴截面上的速度矢量分布如图 9.13 所示。T_1 和 T_4、T_2 和 T_3 为对称位置上的筒体。由于各筒体对称布置，相互之间的间距较小，因此相互之间的差异不明显。总进口管道入口水流流速较高，在筒体内诱发大尺度的漩涡，这一点在 4 个筒体中均很明显。从图中还可以看出，距离总进口管越近，介质入流的流速分布越不均匀；而距离越远，介质对筒体壁面的冲击越明显。T_1 和 T_4 筒体入口处的最大速度分别为 1.9 m/s 和 1.89 m/s，T_2 和 T_3 筒体入口处的最大速度分别为 2.32 m/s 和 2.31 m/s，对称位置上的筒体入口速度接近，但 2 组筒体之间的进口速度存在明显差异，表明对称并联方案中各筒体的工作状态也存在一定的差异。

由于入流的影响，在各个筒体的轴截面均出现了大尺度的漩涡结构，这一点与顺序并联方案相似。然而，对称并联方案中筒体内的流动状况得到了明显的改善。在顺序并联方案中，各截面上不但存在一个大尺度的漩涡，还伴随着多个小尺度的流动结构，整个流场发生了剧烈的搅拌现象；而在对称并联方案中，如图 9.13 所示，仅存在单一的大尺度漩涡，其余部位的流动矢量较为均匀，说明筒体内的流动均匀性相对于顺序并联方案显著增强。

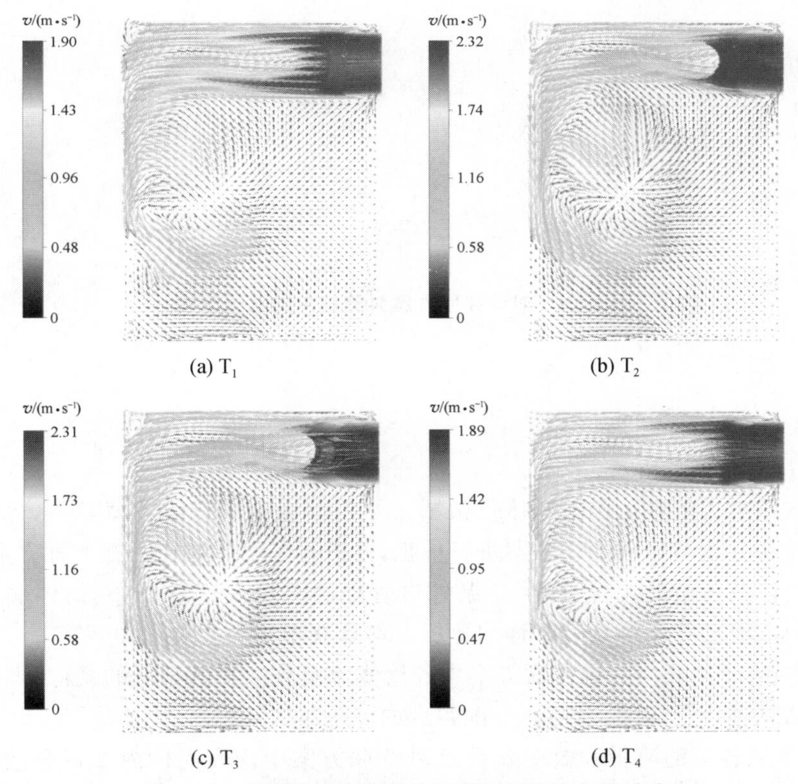

图 9.13　对称并联方案筒体轴截面的速度矢量分布

对于对称并联方案，同样对泵流道内的流线分布进行了分析，以评估同一筒体内 2 台泵之间的相互影响。图 9.14 为对称并联方案各泵流道内的流线图。整体来看，各泵内的流动质量较高。由于叶轮做功，因而叶轮流道内的速度沿径向增大。尽管在同一筒体内的 2 台泵之间也存在叶轮流道内流线分布的差异，但较顺序并联方案差异显著减少。同时，不同筒体内对应位置上的泵内的流线分布一致，这一点也与顺序并联方案相似。与顺序并联方案相比较，对称并联方案有利于减轻同一筒体内 2 台泵之间的相互影响。

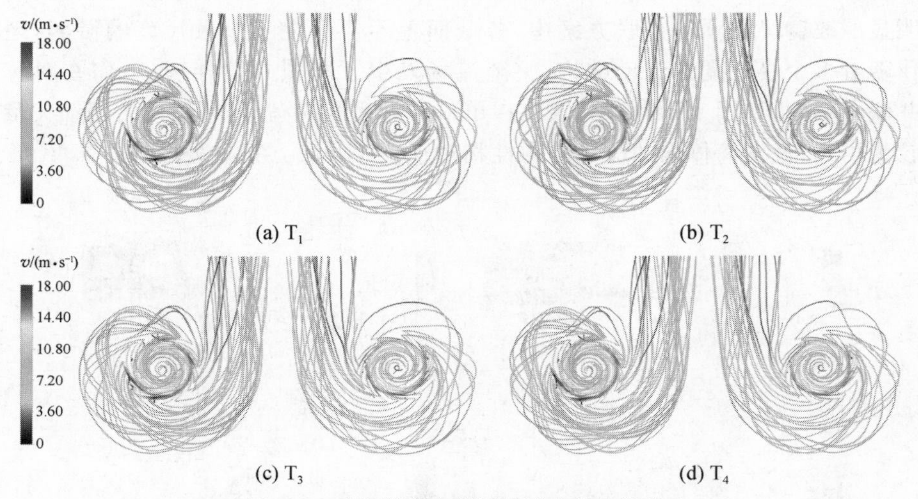

图 9.14　对称并联方案泵流道内的流线分布

9.5 小结

本章对大流量工况下一体化预制泵站内部流动进行了数值模拟，分别对顺序并联方案与对称并联方案进行模拟，并进行了结果对比。在 2 种方案中，对各筒体及各泵的流量分配、各泵进口管处的总压及速度分布、筒体底部及筒体内的流动状态等进行了详细分析。本章获得的主要结论如下：

① 顺序并联与对称并联方案中各筒体流量分配遵循相同的规律，即筒体距泵站总进口管越远，筒体所分配得到的流量越大。

② 从各泵的流量和效率来看，2 种并联方案中同一筒体内 2 台泵运行时的流量和效率不同，且在顺序并联方案中，同一筒体内的 2 台泵的流量和效率差距更大。

③ 从泵进口管处的总压与速度分布及泵内的流线分布判断，2 种并联方

案中同一筒体内的 2 台泵的工作状态不一致，表明两泵之间存在相互干扰现象。

④ 在 2 种并联方案中，各筒体进口处的介质均以相对较高的速度进入筒体，顺序并联方案中介质入流速度更高。

⑤ 在 2 种并联方案中，各个筒体底部流动均存在强、弱侧之分，相比于顺序并联方案，对称并联方案中筒体底部流态更不均匀，强弱对比更为突出。

⑥ 2 种并联方案中筒体底部中心区域的流速值均在 0.3 m/s 以上，因此在所研究的 2 种多筒体并联方案中，筒体底部均不易产生沉积现象。

10

预制泵站的安装与运行

10.1 预制泵站的土建施工

预制泵站的安装相当于一个水利工程项目的施工，必须严格按照安装现场的实际条件和相应的规范进行。最重要的是，安装过程中一定要保证人身安全，也要注意设备的安全。预制泵站安装前，首先要根据现场条件确定泵站基坑的开挖和支护方案，基坑开挖和支护的重要依据是土质和相关的施工规范。基坑内侧的支护是防止塌方的前提，必须采取恰当的支护措施。在基坑开挖和支护的同时，要安装潜水泵以将基坑内的积水或地下水排出；在基坑开挖和支护完成后，要用符合要求的混凝土在基坑底部浇注厚度约为 100 mm 的垫层，如有必要，采用夯实机进行压实；垫层完成后，在垫层的基础上浇注预制泵站的基础。待基础的强度达到 70%时，方可进行预制泵站筒体的安装。

为防止泵站上浮，泵站底板应采用混凝土底板，可预先在地面浇筑或在现场基坑直接浇筑。泵站的底座和混凝土底板应采用合适的连接方式牢固连接。对于直径小于 3.8 m 的泵站，底座可设置安装法兰盘，采用螺栓和压板与泵站安装平台连接。对于直径大于等于 3.8 m 的泵站，宜采用钢筋和二次灌浆与泵站安装平台连接。安装筒体前对水泥底板表面进行清洁，确保安装面和预制泵站连接之间无杂物。用起重吊钩吊起预制泵站进行安装，在筒体安装过程中，检查其是否垂直；检查是否存在残余应力。

待筒体安装完成后，对筒体底部的填充孔及基础上的金属压块用混凝土进行浇注，起到防护的作用。在完成管道连接后，进行基坑回填。基坑回填，一般使用开挖时的泥土，但泥土中不能包含大尺寸的石头、砖块等硬物，使用黄砂及细石的混合物进行回填较为理想。基坑的周围要均匀回填，某一侧的土方过多可能导致筒体侧倾。回填达到 500 mm 的高度时，需要借助夯实机进行夯实，夯实度要达到90%。待回填到离地面约300 mm时，在回填层表面浇注厚度约300 mm的混凝土，对回填部分起到保护作用。在所有施工过程中，必须做好相应的安全防护措施。

配套管路系统的管材、管件和阀门应采用防腐涂层或不锈钢等耐腐蚀的材料，管材、管件和阀门的选用及连接方法，应符合国家规范《室外排水设计规范》(GB 50014)和《室外给水设计规范》(GB 50013)的规定。管路系统的法兰应符合《钢制管法兰》(GB 9112)的要求，法兰压力等级等于或大于PN10。

泵站出水管宜配置止回阀和检修阀，阀门长度应符合国家规范《金属阀门结构长度》(GB 12221)的要求。同时，止回阀和检修阀可安装在泵站内部，也可安装在泵站外的阀门井内。止回阀和检修阀采用水平或垂直安装。阀瓣宜采用轻质复合材料。

泵站进出水管道和外部管道采用柔性接头连接，采用钢管时，管道尺寸应符合国家规范《流体输送用不锈钢无缝钢管》(GB/T 14976)的规定，压力等级等于或大于PN10。柔性接头连接可防止外部管道的应力和不均匀沉降对泵站的破坏。

给水系统的管道增压泵站，水泵进口应设检修阀，进水主管上应装设压力传感器和双向排气阀，防止进口压力过低和积气、窝气现象的产生。

泵站顶部的维修间的面积应满足泵站主要设备起吊和维修要求及控制柜的安装和散热要求，维修间高度根据泵站的配套设备的最大尺寸和起吊设备的要求确定。预制泵站必须配备通风装置，可根据情况采取自然通风或强制通风的措施，通风量应满足泵的散热要求，筒内宜设置温控报警装置。为了维修人员的安全，应将泵站内有毒有害气体引至维修间外排放。安装位置为居民区、公共绿地、景观花园等对环境要求比较高的泵站，可配套除臭装置。

预制泵站的控制柜和预制泵站分开单独安装；预制泵站控制柜安装要在泵站安装后。控制柜被安装于泵站顶部，泵站顶部有预留的位置，控制柜门的关和闭与泵站无干涉。控制柜面板的按钮、开关及仪表应设置在易操作的位置，且功能标识齐全清晰。控制柜的内部配件应装配合理、结构紧凑、工艺完好、维修方便。控制柜的金属构件应有可靠的接地保护。设置安全保护电路，能在溢水、漏水、短路、漏电等情况下迅速切断电源。另外，对电间隙、耐电压性能也有具体的要求。

目前预制泵站的运行控制系统的功能越来越完善，并且智能化程度越来越高。预制泵站控制系统的基本功能包括：① 以节能为目标的泵运行控制；② 多泵并联控制；③ 多泵之间的自动切换；④ 电机和泵的故障保护；⑤ 具有规范的通信接口，以便提供远方控制和网络智能管理等。

目前的控制系统多具有友好的界面,如配置 LED 显示屏,中文语言显示功能;系统结构图形直观显示,可在控制界面中直接显示各泵运行故障情况、转速及筒体内的液位;可以计算流量、功率损耗等信息。有的泵站还专门设有粉碎性格栅控制系统,不但对格栅实行控制,还可在格栅堵塞或电机超载的情况下进行报警,远程可以接收到报警信号。

一般的预制泵站作为成套设备在工厂制作完成,但也有极个别的现场制作的预制泵站,其尺寸较大。一体化预制泵站在运输过程中,应有防止硬性碰撞的措施,应避免剧烈颠簸和重压。图 10.1 所示为某预制泵站的整体吊装现场图。

图 10.1 某预制泵站整体吊装图

图 10.2 所示为一污水处理厂的预制泵站的安装现场。该预制泵站的筒体直径为 2.0 m,高度为 14.5 m,流量为 3 000 m^3/d。该预制泵站考虑了污水排放量逐年增加的要求,是污水处理厂的核心装置,解决了 3 个难题:① 施工面积有限;② 预制泵站的安装位置下设雨水和污水管道,不能破坏原有管道;③ 大埋深问题。在预制泵站施工过程中,开挖深度达到 16 m,泵站位置的基础深度为 14.5 m,存在塌方危险,因此采用了双维修平台以增加径向承压能力,同时采用强化玻璃钢筒体以增加轴向抗压能力。

(a) 安装现场图1

(b) 安装现场图2

图 10.2　某预制泵站安装现场图

一体化预制泵站工作介质的温度范围一般为 5～60 ℃。输送介质温度高于 40 ℃时,应考虑部件材质的耐热要求和配套电机的散热措施。如果输送污水,其 pH 值宜在 6～9 之间。输送强酸或强碱的介质,预制泵站应采取相应的防腐蚀措施。预制泵站的筒体以无碱玻璃纤维无捻粗纱及其制品为增强材料,以热固性树脂为基体,成形后厚度均匀,符合力学性能的要求,无变形、无渗漏,质量稳定优良。

周围环境空气中不得有过量的尘埃、酸、盐及易燃易爆气体。筒体内不得吸入大块的固体物。预制泵站安装环境存在腐蚀性物质时,应采用耐腐蚀材料或采取相应的防腐蚀措施。安装土层为盐碱地的或海滩边的泵站,宜采用不锈钢或玻璃钢进出水管及不锈钢附件。一体化预制泵站的工作环境温度宜为－20～40 ℃,相对湿度宜为 25％～85％。对于环境温度超过 40 ℃的,应对一体化预制泵站采取散热措施,防止电气元件和电机过热;环境温度低于 20 ℃,应采用相应的保温措施,防止泵站结冰。对于北方低温地区的泵站必须根据当地的极端低温采用井筒外壁和泵站顶盖增加保温层等措施;对于新疆、西藏等昼夜温差较大的地区的泵站必须根据温差的幅度采用井筒外壁和泵站顶盖增加保温层等措施。对于相对湿度小于 25%的环境,应采取措施防止电气元件和电机产生电火花;对于相对湿度大于 85%的环境,应采取措施防止电气元件和电机受潮无法工作。

为防止堵塞,输送介质中的颗粒最大直径应小于所选配水泵的通径。对于泵站采取针对性措施仍无法满足输送条件的介质,应在进入泵站前进行预处理。

10.2 预制泵站的维护

预制泵站的日常运行一般采用自动控制,特殊情况下采取手动控制或远程控制的方式。维护是保证预制泵站长期健康运行、延长预制泵站运行寿命必不可少的环节。例如,每年都应进行泵、格栅、阀门、控制柜等主要设备和预制泵站整体外观的检查。对于格栅,应根据水质情况,定期进行清理、更换润滑油、更换格栅刀片等。借助自动控制系统,应时常检查泵的运行电流、电压、振动、噪声情况;检查泵站的出水量、液位控制;检查提篮格栅内的垃圾量。另外,对控制柜和电箱内的接线、元器件和模块也要进行定期检查,如存在发热或变色的情况应立即进行相应的处理。

对于一些污水预制泵站,地埋式污水井长期使用过程中会产生沼气、臭气等有害气体,维修和操作时应提前开启排风机排净废气,并确认废气量不致影响人体呼吸,才可进入,进入施工时应有人员陪伴。检修设备前应先切断电源,防止触电和突然启动带来的危险。

参考文献

[1] 任亮. 一体化预制泵站在雨水泵站中的应用[J]. 城市道桥与防洪，2014(2):98-100.

[2] 刘荣华. 潜水泵装置水力特性及优化设计研究[D]. 扬州:扬州大学，2010. 贾博，张卫萍，王志红. 一体化污水泵站的研究与应用[J]. 广东化工，2017，44(4):103-104.

[3] Chen H X, Guo J H. Numerical simulation of 3-D turbulent flow in the multi-intakes sump of the pump station [J]. Journal of Hydrodynamics, 2007, 19(1):42-47.

[4] Tang X L, Wang W C, Wang F J, Chen Z C, et al. Application of LBM-SGS model to flows in a pumping station forebay[J]. Journal of Hydrodynamics, 2010, 22(2):196-206.

[5] 成立，刘超，周济人，等. 泵站前池底坝整流数值模拟研究[J]. 河海大学学报(自然科学版)，2001，29(3):42-45.

[6] Reducing blockages at a pumping station[J]. World Pumps, 2010(8): 18-19.

[7] 栾金秀，谭晓强，辛健，等. 地埋式一体化泵站的设计和应用[J]. 通用机械，2014(5):80-82.

[8] 刘成，韦鹤平，何耘. 污水泵站前池防淤措施的研究[J]. 同济大学学报(自然科学版)，1998(6):47-51.

[9] 陈斌，黄学军，张华，等. 一种具有防沉淀功能的一体化预制泵站:中国，105220762A[P]. 2016-01-06.

[10] Lu L G. Basic flow patterns and optimum hydraulic design of a suction box of pumping station[J]. 水动力学研究与进展B辑，2000，12(4):

46－51.
[11] 王卓颖，吴恩赐，郭德若，等. 预制式泵站应用于优化中小型泵站的研究[J]. 中国建设信息:水工业市场，2009(11):46－49.
[12] 胡凯，周跃，陈晶晶. 一体化预制泵站有效容积的优化设计[J]. 通用机械，2016(3):77－79.
[13] 马秀美，高新，管锡珺. 无堵塞自清功能一体式预制泵站技术及应用[J]. 青岛理工大学学报，2014，35(2):98－101.
[14] 郭加宏，陈红勋. 泵站水泵进水池内防涡装置有效性的数值验证[J]. 工程热物理学报，2005，26(z1):85－88.
[15] Kang W T，Yu K H，Lee S Y，et al. An investigation of cavitation and suction vortices behavior in pump sump[C]//ASME-JSME-KSME 2011 Joint Fluids Engineering Conference，2011:257－262.
[16] Zhuan X，Xia X. Optimal operation scheduling of a pumping station with multiple pumps[J]. Applied Energy，2013，104(4):250－257.
[17] Hu N S，Huang C L，Wei C C. Intelligent real-time operation of a pumping station for an urban drainage system[J]. Journal of Hydrology，2013，489(6):85－97.
[18] Moreno M A，Carrion P A，Planells P，et al. Measurement and improvement of the energy efficiency at pumping stations[J]. Biosystems Engineering，2007，98(4):479－486.
[19] 汤方平，刘超，成立，等. 低扬程水泵选型新方法[J]. 江淮水利科技，1999，21(2):11－13.
[20] 纪晓华，鄢碧鹏，刘超. 水泵选型专家系统研究与开发[J]. 扬州大学学报(农业与生命科学版)，2001，22(4):77－79.
[21] 叶永，雷未，罗威. 高扬程泵站机组选型设计探讨[J]. 人民长江，2017，48(11):68－71.
[22] 郑毅. 给水设计中水泵的选择性分析[J]. 现代制造技术与装备，2017(8):51－54.
[23] 孟凡有，谭晓强. 一体化预制泵站的选型设计[J]. 通用机械，2017(8):71－73.
[24] 何希杰，汤士党，崔卫杰. 潜水污水泵的研究现状与发展趋势[J]. 通用机械，2005(6):28－29.
[25] 丛小青，袁寿其，袁丹青，等. 污水泵的研究现状与进展[J]. 排灌机械工程学报，2005，23(6):1－5.

[26] 施卫东，桑一萌，王准，等. 高效无堵塞泵的研究开发与发展展望[J]. 排灌机械，2006，24(6)：48－52.
[27] 陈宣荣. 单叶片污水泵叶轮型线探讨[J]. 排灌机械工程学报，1992(1)：16－18.
[28] 孟祥岩. 一体化预制泵站的应用[J]. 给水排水动态，2014(1)：18－19.
[29] 孙兵，蒋文军. 污水收集输送一体化预制泵站技术要求及试验[J]. 通用机械，2016(6)：70－73.
[30] 米峰江. 多台排污泵的工况管理及变频控制[D]. 西安：西安石油大学，2014.
[31] 魏懿红. 一体化预制泵站应用探讨[J]. 市政设施管理，2017(1)：34－36.
[32] 吴文波. 新型全地埋式污水泵站与传统泵站综合比较[J]. 中国给水排水，2005，21(8)：76－77.
[33] 叶荣军，马超. 潜水排污泵应用中的若干问题分析[J]. 数字化用户，2017，23(31)：81.
[34] 孟凡有. 潜水排污泵设计及应用问题解决[J]. 通用机械，2018(1)：52－55.
[35] 施卫东. 污水泵水力设计综述[J]. 流体机械，1997(8)：26－29.
[36] 蒋婷. 高效无过载潜水排污泵水力优化设计及内部流动稳定性研究[D]. 镇江：江苏大学，2011.
[37] 程成，施卫东，张德胜，等. 后掠式双叶片污水泵固液两相流动规律的数值模拟[J]. 排灌机械工程学报，2015，33(2)：116－122.
[38] 张静，齐学义，侯祎华，等. 双流道污水泵叶轮内部三维湍流流动的数值模拟[J]. 农业机械学报，2009，40(1)：64－68.
[39] 丛小青，袁寿其，袁丹青. 无过载排污泵正交试验研究[J]. 农业机械学报，2005，36(10)：66－69.
[40] 邱勇. 高效无过载潜污泵的优化设计与试验研究[J]. 流体机械，2015，43(3)：6－11.
[41] 程效锐，齐学义，冯俊豪. 颗粒浓度对双流道污水泵叶轮流场影响的数值模拟[J]. 水泵技术，2006(1)：24－26.
[42] 关醒凡. 现代泵理论与设计[M]. 北京：中国宇航出版，2011.
[43] 关醒凡，张涛，魏东，等. 无堵塞泵设计及结构研究[J]. 排灌机械工程学报，2003，21(4)：1－4.
[44] 关醒凡，陆伟刚，董志豪. 双流道叶轮模具制作检查方法[J]. 水泵技

术,2002(2):38-39.
[45] 施卫东. 高效无堵塞泵的研究开发及内部流场数值模拟[D]. 镇江:江苏大学,2006.
[46] 施卫东，程成，张德胜,等. 后掠式双叶片污水泵优化设计与试验[J]. 农业工程学报，2014，30(18):85-92.
[47] 王准，施卫东，蒋小平. 前伸式双叶片污水泵设计和通过能力试验[J]. 排灌机械工程学报，2008，26(3):26-29.
[48] 朱荣生，胡自强，杨爱玲. 高效叶片式污水泵叶轮的优化设计[J]. 水泵技术，2010(3):5-7.
[49] 张华. 单叶片螺旋离心式潜水排污泵的优化设计及试验研究[D]. 镇江:江苏大学,2014.
[50] 郭东芳，徐俊霞. 潜水排污泵电机进水的预防措施[J]. 设备管理与维修，2011(s1):112-113.
[51] 常超. 潜水排污泵电机进水的预防措施探讨[J]. 建筑工程技术与设计，2016(22):2141.
[52] 王震，董绵杰，黄学军,等. 潜水排污泵电机冷却系统的研究[J]. 建设科技，2014(5):108-109.
[53] 沈正兴. 潜水排污泵电机漏水保护器[J]. 设备管理与维修，2001(3):40.
[54] 朱隆树. 污水泵电机烧毁事故分析及控制和保护方法的改进[J]. 湖南电力，1990(3):52-55.
[55] 李万春. 潜污水泵电机故障原因分析及改造措施[J]. 电力安全技术，2015，17(10):45-46.
[56] 李圣年. 潜水电泵与潜水电动机的分类[J]. 电机技术，2001(4):52-54.
[57] 白旭华，张凤阁，佟宁泽,等. 潜水电机的结构与设计特点[J]. 沈阳工业大学学报，2005，27(3):33-36.
[58] 张承仁. 建议提高潜水电泵的密封质量[J]. 电机技术，1984(1):64.
[59] 吴希菊. 密封圈改形设计[J]. 中小型电机，1993(5):25.
[60] 吴永干，常新建，梁照勇,等. 电机密封结构:中国，CN204538862U[P]. 2015-08-05.
[61] 王红志. 一种实用的混流泵叶轮设计方法[J]. 机电工程技术,2006(3):37-39
[62] 查森. 叶片泵原理及水力设计[M]. 北京:机械工业出版社，1988.

[63] 赵万勇，王磊，赵爽，等．基于 CFD 的中高比转速离心泵叶轮的设计方法[J]．兰州理工大学学报，2013，39(2)：35－38.
[64] 侯虎灿，张永学，李振林，等．离心泵前置导叶的正交优化设计[J]．工程热物理学报，2015，36(12)：2618－2623.
[65] 战长松．流体机械中的三元流动理论——不可压缩流体的流线曲率法[J]．兰州理工大学学报，1982(2)：42－52.
[66] 刘意，王淑红，李华聪，等．叶片包角对组合叶轮离心泵工作特性的数值研究[J]．科学技术与工程，2015，15(8)：244－248.
[67] 张翔，王洋，徐小敏，等．叶片包角对离心泵性能的影响[J]．农业机械学报，2010，41(11)：38－42.
[68] 曹卫东，李跃，张晓娣．低比转速污水泵叶片包角对水力性能的影响[J]．排灌机械工程学报，2009，27(6)：362－366.
[69] 陈斌，张华，施卫东，等．蜗壳对离心式潜水排污泵性能影响的研究[J]．水泵技术，2012(4)：31－34.
[70] 谭林伟，施卫东，张德胜，等．叶片出口安放角对单叶片泵性能的影响[J]．排灌机械工程学报，2017，35(10)：835－841.
[71] 谢龙汉，赵新宇，张炯明．ANSYS CFX 流体分析及仿真[M]．北京：电子工业出版社，2011.
[72] 王海松．轴流泵 CAD－CFD 综合特性研究[D]．北京：中国农业大学，2005.
[73] 安德森．计算流体力学入门[M]．北京：清华大学出版社，2010.
[74] 魏淑贤，沈跃，黄延军．计算流体力学的发展及应用[J]．河北理工学院学报，2005，27(2)：115－117.
[75] Patankar S V，Spalding D B. A calculation procedure for heat，mass and momentum transfer in three-dimensional parabolic flows [J]. International Journal of Heat & Mass Transfer，1972，15(10)：1787－1806.
[76] Zhou W，Zhao Z，Lee T S，et al. Investigation of flow through centrifugal pump impellers using computational fluid dynamics [J]. International Journal of Rotating Machinery，2007，9(1)：49－61.
[77] 唐兴伦．ANSYS 工程应用教程[M]．北京：中国铁道出版社，2003.
[78] 陶文铨．数值传热学[M]．西安：西安交通大学出版社，2001.
[79] Piller M，Nobile E，Hanratty T J. DNS study of turbulent transport at low Prandtl numbers in a channel flow [J]. Journal of Fluid

Mechanics, 2002, 458: 419 - 441.
[80] Wissink J G. DNS of separating, low Reynolds number flow in a turbine cascade with incoming wakes[J]. International Journal of Heat and Fluid Flow, 2003, 24(4): 626 - 635.
[81] 杨建明. 流体机械中高雷诺数流动的大涡模拟[J]. 工程热物理学报, 1998, 19(2): 184 - 188.
[82] Feiz A A, Ould-Rouis M, Lauriat G. Large eddy simulation of turbulent flow in a rotating pipe[J]. International Journal of Heat and Fluid Flow, 2003, 24(3): 412 - 420.
[83] Launder B E, Spalding D B. Lectures in mathematical models of turbulence[M]. Academic Press, 1972.
[84] Shih T H, Liou W W, Shabbir A, et al. A new k-epsilon eddy viscosity model for high Reynolds number turbulent flows: Model development and validation[J]. Nasa Sti/recon Technical Report N, 1994, 95(3):227 - 238.
[85] Smith L M, Reynolds W C. On the Yakhot-Orszag renormalization group method for deriving turbulence statistics and models[J]. Physics of Fluids A Fluid Dynamics, 1992, 4(2):364 - 390.
[86] 高红. 溢流阀阀口气穴与气穴噪声的研究[D]. 杭州:浙江大学, 2003.
[87] 李人宪. 有限体积法基础[M]. 北京:国防工业出版社, 2008.
[88] Chen C J, Naseri-Neshat H, Ho K S. Finite-analytic numerical solution of heat transfer in two-dimensional cavity flow[J]. Numerical Heat Transfer, 1981, 4(2): 179 - 197.
[89] Li Q, Kang C, Li M Y. Flow features of a prefabricated pumping station operating under high flow rate condition[J]. International Journal of Fluid Machinery and Systems, 2018, 11(2):171 - 180.
[90] Liu H, Jia Y, Niu C. "Sponge city" concept helps solve China's urban water problems[J]. Environmental Earth Sciences, 2017, 76(14):473 - 477.
[91] Chen H X, Guo J H. Numerical simulation of 3-D turbulent flow in the multi-intakes sump of the pump station[J]. Journal of Hydrodynamics (Ser. B), 2007, 19(1):42 - 47.
[92] Okamura T, Kamemoto K, Matsui J. CFD prediction and model experiment on suction vortices in pump sump [C]//The Asian

International Conference on Fluid Machinery, 2007:1-10.

[93] Teaima I R. Application of modern technique to predict and enhance flow problems on pump suction intake for irrigation improvement projects[J]. Extensive Journal of Applied Sciences, 2013, 1:31-42.

[94] Azimi H, Zhu D Z, Rajaratnam N. Computational investigation of vertical slurry jets in water[J]. International Journal of Multiphase Flow, 2012, 47(3):94-114

[95] Gandhi B K, Seshadri V, Singh S N. Performance characteristics of centrifugal slurry pumps[J]. Journal of Fluids Engineering, 2001, 123(2):271-280

[96] Cheng W, Gu B, Shao C, et al. Hydraulic characteristics of molten salt pump transporting solid-liquid two-phase medium[J]. Nuclear Engineering and Design, 2017, 324:220-230

[97] Lu L G. Basic flow patterns and optimum hydraulic design of a suction box of pumping station[J]. Journal of Hydrodynamics (Ser. B), 2000, 12(4): 46-51.

[98] Cong G, Wang F. Numerical investigation on the flow structure and vortex behavior at a large scale pump Sump[C]// Asme-Jsme Joint Fluids Engineering Conference. 2007:947-955

[99] Desmukh T S, Gahlot V K. Numerical study of flow behavior in a multiple intake pump sump[J]. International Journal of Advanced Engineering Technology, 2011, 2(2):118-128.

[100] Li W, Zhong W. CFD simulation of hydrodynamics of gas-liquid-solid three-phase bubble column[J]. Powder Technology, 2015, 286:766-788.

[101] Virdung T, Rasmuson A. Hydrodynamic properties of a turbulent confined solid-liquid jet evaluated using PIV and CFD[J]. Chemical Engineering Science, 2007, 62(21):5963-5978.

[102] Zhou W, Zhao Z, Lee T S, et al. Investigation of flow through centrifugal pump impellers using, computational fluid dynamics[J]. International Journal of Rotating Machinery, 2007, 9(1):49-61.

[103] Menter F R. Two-equation eddy-viscosity turbulence models for engineering applications[J]. Aiaa Journal, 1994, 32(8):1598-1605.

[104] Rocha P A C, Rocha H H B, Carneiro F O M, et al. $k-\omega$ SST (shear

stress transport) turbulence model calibration: A case study on a small scale horizontal axis wind turbine[J]. Energy, 2014, 65(C): 412-418.

[105] Isaev S A, Baranov P A, Zhukova Y V, et al. Correction of the shear stress-transfer model with account of the curvature of streamlines in calculating separated flows of an incompressible viscous fluid[J]. Journal of Engineering Physics Thermophysics 2014, 87(4):1002-1015.

[106] Kim H J, Park S W, Dong S R. Numerical analysis of the effects of anti-vortex device height on hydraulic performance of pump sump[J]. Ksce Journal of Civil Engineering, 2017 21(4):1484-1492.

[107] Moshfeghi M, Song Y J, Xie Y H. Effects of near-wall grid spacing on SST $k-\omega$ model using NREL Phase VI horizontal axis wind turbine[J]. Journal of Wind Engineering & Industrial Aerodynamics, 2012, 107-108:94-105.

[108] Azimi A H, Zhu D Z, Rajaratnam N. Effect of particle size on the characteristics of sand jets in water[J]. Journal of Engineering Mechanics, 2011(137):822-834.

[109] Duarte C R, Murata V V, Barrozo M A S. A study of the fluid dynamics of the spouted bed using CFD[J]. Brazilian Journal of Chemical Engineering, 2005, 22(2): 263-270

[110] Shi D P, Luo Z H, Zheng Z W. Numerical simulation of liquid-solid two-phase flow in a tubular loop polymerization reactor[J]. Powder Technology, 2009, 198(1):135-143.

[111] Gómez L C, Milioli F E. A numerical simulation analysis of the effect of the interface drag function on cluster evolution in a CFB riser gas-solid flow[J]. Brazilian Journal of Chemical Engineering, 2004, 21(4):569-583.

[112] Xu L, Xia Z, Guo X, et al. Application of population balance model in the simulation of slurry bubble column[J]. Industrial & Engineering Chemistry Research, 2014, 53(12):4922-4930.

[113] Panneerselvam R, Savithri S, Surender G D. CFD simulation of hydrodynamics of gas-liquid-solid fluidised bed reactor[J]. Chemical Engineering Science, 2009, 64(6):1119-1135.

[114] Choi J W, Choi Y D, Kim C G, et al. Flow uniformity in a multi-intake pump sump model [J]. Journal of Mechanical Science Technology, 2010, 24(7):1389 - 1400.

[115] Ansar M, Nakato T, Constantinescu G. Numerical simulations of inviscid three-dimensional flows at single-and dual-pump intakes[J]. Journal of Hydraulic Research, 2002, 40(4):461 - 470.

[116] Kang W T, Shin B R, Doh D H. An effective shape of floor splitter for reducing sub-surface vortices in pump sump [J]. Journal of Mechanical Science & Technology, 2014, 28(1):175 - 182.

[117] Kabiri-Samani A R, Borghei S M. Effects of anti-vortex plates on air entrainment by free vortex[J]. Scientia Iranica, 2013, 20(2):251 - 258.

[118] Jain B, Ahmad Z, Kumar S, et al. Rational design of a pump-sump and its model testing[J]. Journal of Pipeline Systems Engineering Practice, 2011, 2(2):53 - 63.

[119] 李百齐. 水泵站在多泵运行时水泵性能的分析[J]. 船舶力学, 2008, 12(4):588 - 591.

[120] 李伟. 斜流泵启动过程瞬态非定常内流特性及实验研究[D]. 镇江:江苏大学, 2012.